U0142414

零基礎

C++

程式設計入門

數位新知 —————— 著

五南圖書出版公司 印行

序

C++同樣也是源自於貝爾實驗室，當初其原創者Bjarne Strous-trup以C作爲基本的架構，並將C語言中較容易造成程式撰寫錯誤的語法加以改進。此外，C++也導入物件導向程式設計（Object-Oriented Programming, OOP）的概念，而這種概念的引進，會讓程式設計的工作更加容易修改，而且在程式碼的重複使用及擴充性有更強的功能，自然更足以因應日益複雜的系統開發，這使得C++在大型程式的開發上極爲有利，目前所看到的大型遊戲許多都是以C++程式語言來進行開發。

本書定位爲一本適合初學者的C++程式設計入門書，因此本書講述的內容以基礎語法爲主，再導入一些簡單的流程控制、陣列與字串及函數基本觀念，期許學習者可以透過有趣且多樣的簡易範例小程式，輕鬆學會C++程式語言的入門語法。本書精彩篇幅如下：

- 我的第一個C++程式
- 變數與常數
- 基本資料型態
- 運算式與運算子
- 流程控制

- 陣列與字串
- 函數
- C++的常用函數庫

　　全書提供完整範例程式碼，希望降低初學者的學習障礙，除了上機練習之外，也安排了課後習題，可以驗收學習成效。因此，本書是一本非常適合作為C++程式語言的入門教材。

目錄

第一章

我的第一個 C++ 程式

　　對於一個有志於從事資訊專業領域的人員來說，程式設計是一門和電腦硬體與軟體息息相關的學科，稱得上是近十幾年來蓬勃興起的一門新興科學，更深入來看，程式設計能力已經被看成是國力的象徵，連教育部都將撰寫程式列入國高中學生必修課程，讓寫程式不再是資訊相關科系的專業，而是全民的基本能力。

程式設計能力已經被看成是國力的象徵

1-1 程式語言簡介

　　沒有所謂最好的程式語言，只有是否適合的程式語言，程式語言本來就只是工具，從來都不是重點。「程式語言」就是一種人類用來和電腦溝通的語言，也是用來指揮電腦運算或工作的指令集合，可以將人類的思考邏輯和意圖轉換成電腦能夠了解與溝通的語言。

人類和電腦之間溝通的橋梁就是程式語言，否則就變成雞同鴨講

　　程式語言發展的歷史已有半世紀之久，由最早期的機器語言發展至今，已經邁入到第五代自然語言。

1-1-1 機器語言

　　機器語言（Machine Language）是由1和0兩種符號構成，是最早期的程式語言，也是電腦能夠直接閱讀與執行的基本語言。任何程式或語言在執行前都必須先行被轉換為機器語言。機器語言的撰寫相當不方便，而且可讀性低也不容易維護，機器語言如下：

```
10111001 （設定變數A）
00000010 （將A設定為數值2）
```

1-1-2 組合語言

組合語言（Assembly Language）是一種介於高階語言及機器語言間的符號語言，比起機器語言來說，組合語言較容易編寫和學習，不同CPU要使用不同的組合語言。例如MOV指令代表設定變數內容、ADD指令代表加法運算、SUB指令代表減法運算，如下所示：

MOV A , 2（變數A的數值內容為2）
ADD A , 2（將變數A加上2後，將結果再存回變數A中，如A=A+2）
SUB A , 2（將變數A減掉2後，將結果再存回變數A中，如A=A−2）

1-1-3 高階語言

高階語言（High-level Language）是相當接近人類使用語言的程式語言，雖然執行較慢，但語言本身易學易用，因此被廣泛應用在商業、科學、教學、軍事等相關的軟體開發上，特點是必須經過編譯（Compile）或解譯（interpret）的過程，才能轉換成機器語言碼。

Tips

所謂編譯，是使用編譯器來將程式碼翻譯為目的程式（object code），例如：C、C++、Java、Visual C++、Fortran等語言都是使用編譯的方法。至於解譯則是利用解譯器（Interpreter）來對高階語言的原始程式碼做逐行解譯，所以執行速度較慢，例如Python、Basic等語言皆使用解譯的方法。

我們將針對近數十年來相當知名的高階語言來做介紹。請看下表簡述：

程式語言	說明與特色
Fortran	第一個開發成功的高階語言，主要專長在於處理數字計算的功能，常被應用於科學領域的計算工作
COBOL	是早期用來開發商業軟體最常用的語言
Ada	是一種大量運用在美國國防需要的語言
Pascal	是最早擁有結構化程式設計概念的高階語言，目前的Object-Pascal則加入了物件導向程式設計的概念
Prolog	人工智慧語言，利用規則與事實（rules and facts）的知識庫來進行人工智慧系統的開發，例如專家系統常以Prolog進行開發
LISP	爲最早的人工智慧語言，和Prolog一樣也可以用來進行人工智慧系統的開發。這種程式語言的特點之一是程式與資料都使用同一種表示方式，並以串列爲主要的資料結構，適合作爲字串的處理工作
C	雖然是一種高階語言，但兼具低階語言的特性，又有人稱它爲一種中階語言，Unix/Linux作業系統就是由C語言開發而成，主要優點有：程式輕薄短小、效能佳、可針對記憶直接處理
Java	昇陽（SUN）參考C/C++特性所開發的新一代程式語言，它標榜跨平台、穩定及安全等特性，主要應用領域爲網際網路、無線通訊、電子商務，它也是一種物件導向的高階語言
Basic	方便初學者的學習使用，並不注重結構化及模組化的設計概念
Visual Basic	視覺化的Basic開發環境，並加入了物件導向程式語言的特性
C#	C#（#唸作sharp）是一種.NET平台上的程式開發語言，可以用來開發各式各樣可在.NET平台上執行的應用程式
Python	Python開發的目標之一是讓程式碼像讀本書那樣容易理解，也因爲簡單易記、程式碼容易閱讀的優點，優點包括物件導向、直譯、跨平台等特性，加上豐富強大的套件模組與免費開放原始碼，各種領域的使用者都可以找到符合需求的套件模組

Tips

　　積木式語言就是設計者可以使用拖曳積木的方式組合出程式，使用圖形化的拼塊積木來做堆疊鑲嵌，讓使用者可以透過控制、邏輯、數學、本文、列表、顏色、變數、過程等類型的程式積木來堆疊設置或控制角色及背景的行動和變化來開發程式，不用擔心會像學習其它程式語言因為不熟悉語法而導致bug（臭蟲）發生。例如Scratch就是用玩的方式寫程式的高階語言。

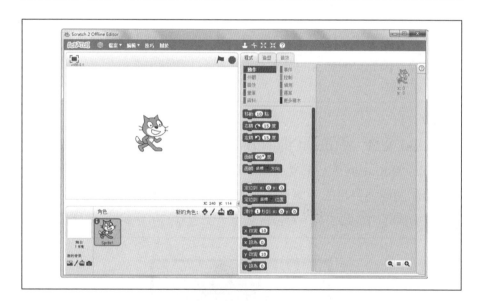

1-1-4 非程序性語言

　　非程序性語言（Non-procedural Language）也稱為第四代語言，特點是它的敘述和程式與真正的執行步驟沒有關聯。程式設計者只需將自己打算做什麼表示出來即可，而不需去理解電腦是如何執行的。資料庫的結構化查詢語言（Structural Query Language，簡稱SQL）就是第四代語言的一個頗具代表性的例子。例如以下是清除資料命令：

```
DELETE FROM employees
WHERE employee_id = 'C800312' AND dept_id = 'R01'；
```

1-1-5 人工智慧語言

　　人工智慧語言稱為第五代語言，或稱為自然語言，其特性宛如和另一個人對話一般。因為自然語言使用者口音、使用環境、語言本身的特性（如一詞多義）都會造成電腦在解讀時產生不同的結果與自然語言辨識上的困難度。因此自然語言的發展必須搭配人工智慧來進行。

> **Tips**
>
> 　　人工智慧（Artificial Intelligence, AI）的概念最早是由美國科學家John McCarthy於1955年提出，目標為使電腦具有類似人類學習解決複雜問題與展現思考等能力，舉凡模擬人類的聽、說、讀、寫、看、動作等的電腦技術，都被歸類為人工智慧的可能範圍。

機器人是人工智慧最典型的應用

1-2 演算法與流程圖

　　演算法（algorithm）是程式設計領域中最重要的關鍵，常常被使用為設計電腦程式的第一步，演算法就是一種計畫，這個計畫裡面包含解決問題的每一個步驟跟指示。

搜尋引擎也必須藉由不斷更新演算法來運作

　　日常生活中也有許多工作都可以利用演算法來描述，例如員工的工作報告、寵物的飼養過程、廚師準備美食的食譜、學生的功課表等，以下就是一個學生小華早上上學並買早餐的簡單文字演算法：

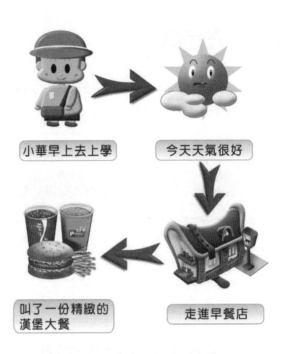

流程圖（Flow Diagram）則是一種程式設計領域中最通用的演算法表示法，必須使用某些圖形符號來編製。為了流程圖之可讀性及一致性，目前使用美國國家標準協會（ANSI）制定的統一圖形符號。以下介紹一些常見的符號：

流程圖就是一個程式設計前的規劃藍圖

名稱	說明	符號
起止符號	表示程式的開始或結束	
輸入／輸出符號	表示資料的輸入或輸出的結果	
程序符號	程序中的一般步驟，程序中最常用的圖形	
決策判斷符號	條件判斷的圖形	
文件符號	導向某份文件	
流向符號	符號之間的連接線，箭頭方向表示工作流向	
連結符號	上下流程圖的連接點	

CHAPTER

1

例如請各位畫出輸入一個數值，並判別是奇數或偶數的流程圖。

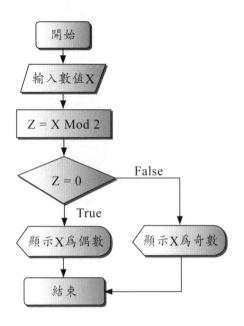

1-3 C++簡介

　　C++同樣也是源自於貝爾實驗室，當初其原創者Bjarne Stroustrup以C作為基本的架構，並將C語言中較容易造成程式撰寫錯誤的語法加以改進，再導入物件導向的觀念，而形成最初的C++語言，因此C++可以說是包含了整個C，也就是說幾乎所有的C程式，只要微幅修改，甚至於完全不需要修改，便可正確執行。所以C程式在編譯器上是可以直接將副檔名c改為cpp，即可編譯成C++語言程式。如檔名為「File.cpp」：

　　此外，C++也導入物件導向程式設計（Object-Oriented Programming, OOP）的概念，而這種概念的引進，會讓程式設計的工作更加容易修改，而且在程式碼的重複使用及擴充性有更強的功能，自然更足以因應日益複雜的系統開發，這使得C++在大型程式的開發上極為有利，目前所看到的大型遊戲許多都是以C++程式語言來進行開發。

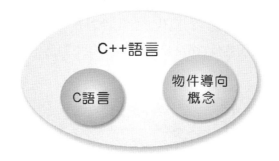

1-3-1 物件導向程式設計

　　物件導向程式設計的主要精神就是將存在於日常生活中舉目所見的物件（object）概念，應用在軟體設計的發展模式（software development model）。也就是說，OOP讓各位從事程式設計時，能以一種更生活化、可讀性更高的設計觀念來進行，並且所開發出來的程式也較容易擴充、修改及維護。

CHAPTER

1

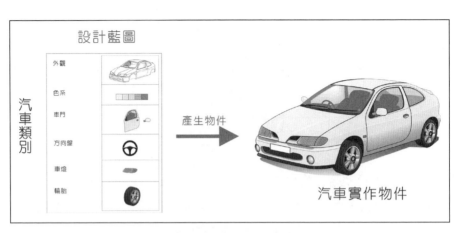

類別與物件的關係

　　現實生活中充滿了各種形形色色的物體，每個物體都可視為一種物件。我們可以透過物件的外部行為（behavior）運作及內部狀態（state）模式，來進行詳細地描述。行為代表此物件對外所顯示出來的運作方法，狀態則代表物件內部各種特徵的目前狀況。如下圖所示與相關介紹：

　　物件導向程式設計模式必須具備三種特性：封裝（Encapsulation）、繼承（Inheritance）與多型（Polymorphism）。

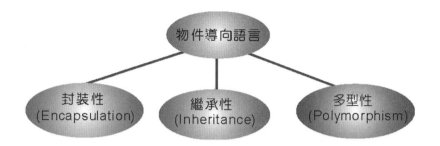

　　封裝是利用「類別」來實作「抽象化資料型態」（ADT）包含一個資訊隱藏（Information Hiding）的重要觀念，就像許多人都不了解機車的內部構造等資訊，卻能夠透過機車提供的加油門和煞車等介面方法，輕而易舉的操作機車。

　　「繼承」則是類似現實生活中的遺傳，允許我們去定義一個新的類別來繼承既存的類別（class），進而使用或修改繼承而來的方法（method），並可在子類別中加入新的資料成員與函數成員。繼承允許我們去定義一個新的類別來繼承既存的類別，透過類別的繼承行為，讓程式開發人員能重複利用已宣告類別的成員方法。

　　所謂的「多型」，按照英文字面解釋，就是一樣東西同時具有多種不同的型態，也稱為「同名異式」（Polymorphism）。多型的功能可讓軟體在發展和維護時，達到充分的延伸性，最直接的定義就是讓具有繼承關係的不同類別物件，可以對相同名稱的成員函數呼叫，並產生不同的反應結果。如下圖同樣是計算長方形及圓形的面積與周長，就必須先定義長方形以及圓形的類別，當程式要畫出長方形時，主程式便可以根據此類別規格產生物件，如下圖所示：

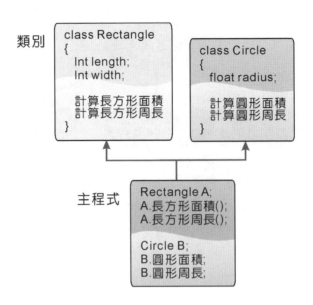

■物件（Object）：可以是抽象的概念或是一個具體的東西，包括了「資料」（Data）以及其所相應的「運算」（Operations或稱Methods），它具有狀態（State）、行為（Behavior）與識別（Identity）。每一個物件（Object）均有其相應的屬性（Attributes）及屬性值（Attribute values）。例如有一個物件稱為學生，「開學」是一個訊息，可傳送給這個物件。而學生有學號、姓名、出生年月日、住址、電話等屬性，目前的屬性值便是其狀態。學生物件的運算行為則有註冊、選修、轉系、畢業等，學號則是學生物件的唯一識別編號（Object Identity, OID）。

■類別（Class）：是具有相同結構及行為的物件集合，是許多物件共同特徵的描述或物件的抽象化。例如小明與小華都屬於人這個類別，他們都有出生年月日、血型、身高、體重等類別屬性。類別中的一個物件有時就稱為該類別的一個實例（Instance）。

■屬性（Attribute）：「屬性」則是用來描述物件的基本特徵與其所屬的性質，例如：一個人的屬性可能會包括姓名、住址、年齡、出生年月日等。

■方法（Method）：「方法」則是物件導向設計系統裡物件的動作與行
　為。我們在此以人為例，不同的職業，其工作內容也就會有所不同，例
　如：學生的主要工作為讀書，而老師的主要工作則為教書。

1-4 第一個C++程式

　　許多人一聽到程式設計，可能早就嚇得手腳發軟，大家千萬不要自己
嚇自己，C++語言就是一種人類用來指揮電腦工作的指令集合，裡面會使
用到的保留字（reserved word）最多不過數十個而已。以筆者多年從事程
式語言的教學經驗，對一個語言初學者的心態來說，就是不要廢話太多，
如同我們學習游泳一樣，跳下水就知道，趕快讓他從無到有，實際跑出一
個程式最為重要，許多高手都是寫多了就越來越厲害。

寫程式就像學游泳一樣，多練習最重要

　　各位要著手開始設計C++程式，首先只要找個可將程式的編輯、
編譯、執行與除錯等功能在同一操作環境下的「整合開發環境」
（Integrated Development Environment, IDE）即可畢其功於一役。由於

C++語言相當受到各界的歡迎，市場上有許多家廠商陸續開發了許多C++語言的IDE，如果各位是C++的初學者，又想學好C++語言，本書中所使用的免費Dev-C++就是一個不錯的選擇。

1-4-1 Dev-C++下載與簡介

原本的Dev-C++已停止開發，改為發行非官方版，Owell Dev-C++是一個功能完整的程式撰寫整合開發環境和編譯器，也是屬於開放原始碼（open-source code），專為設計C/C++語言所設計，在這個環境中能夠輕鬆撰寫、編輯、除錯和執行C語言的種種功能。這套免費且開放原始碼的 Orwell Dev-C++的下載網址如下：http://orwelldevcpp.blogspot.tw/。

當各位下載「Dev-Cpp 5.11 TDM-GCC 4.9.2 Setup.exe」安裝程式完畢後，可以在所下載的目錄用滑鼠左鍵按兩下這個安裝程式，就可以啟動安裝過程。首先會要求選擇語言，此處請先選擇「English」：

接著在下圖中按下「I Agree」鈕：

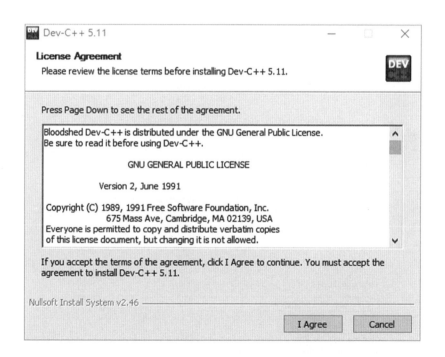

進入下圖視窗選擇要安裝的元件，請直接按下「Next」鈕：

CHAPTER

1

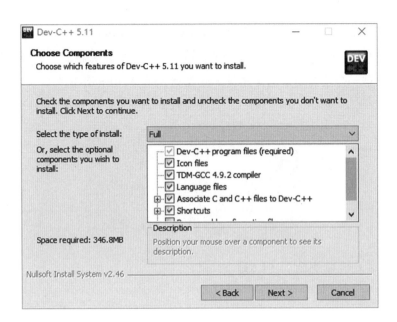

之後會被要求決定要安裝的目錄，其中「Browse」可以更換路徑，如果採用預設儲存路徑，請直接按下「Install」鈕。

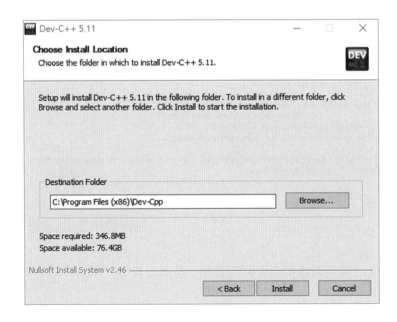

接著就會開始複製要安裝的檔案：

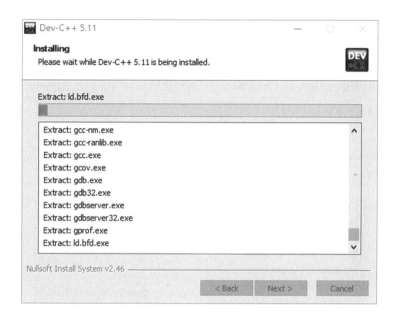

當您檢視到下圖的畫面時，就表示安裝成功。

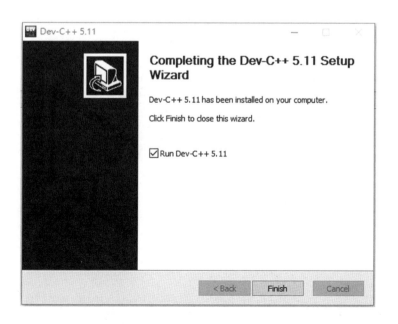

CHAPTER

1

1-4-2 Dev C++工作環境

　　安裝完畢後，請在Windows作業系統下的開始功能表中執行「Bloodshed Dev C++/Dev-C++」指令或直接用滑鼠點選桌面上的Dev-C++捷徑，進入以主畫面。如果你的主畫面的介面是英文版，可以執行「Tools/Environment Options」指令，並於下圖中的「Language」設定為「Chinese(TW)」：

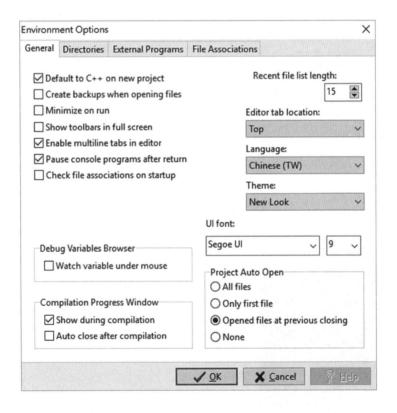

　　更改完畢後，就會出現繁體中文的介面：

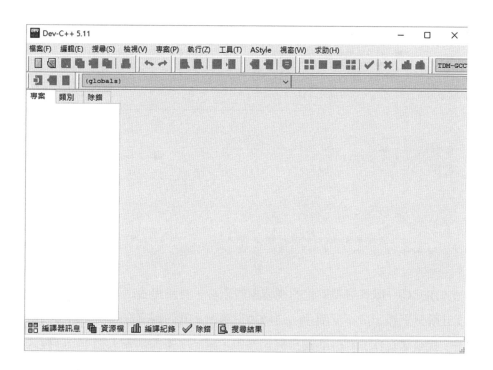

1-4-3 程式碼的編寫

　　從編輯與撰寫一個C++的原始程式到讓電腦跑出程式結果，一共要經過「編輯」、「編譯」、「連結」、「載入」與「執行」五個階段。看起來有點麻煩，實際上很簡單。首先我們要開啓一個新檔案來撰寫程式的原始碼，請執行「檔案／開新檔案／原始碼」指令或是直接按「原始碼」鈕，就會開啓新檔案，如下圖畫面：

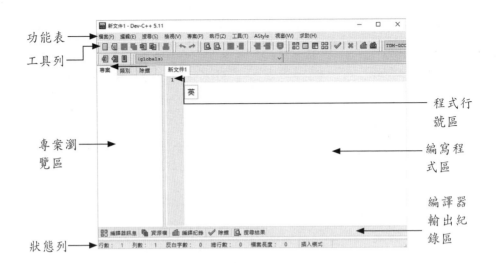

功能表
工具列

專案瀏覽區

狀態列

程式行號區

編寫程式區

編譯器輸出紀錄區

Dev C++擁有很視覺化的視窗編輯環境，會將程式碼中的字串、指令與註解分別標示成不同顏色，這個功用讓程式碼的編寫修改或除錯容易很多。接著請在Dev C++的編寫程式區中，請一字不漏地輸入如下C++程式碼，請注意！C++語言是有區分大小寫字母。請注意本書中，每行程式碼之前的行號只是為了方便解說之用，各位千萬別輸入到編輯器中：

```
01 #include <iostream>
02
03 int main()
04 {
05      std::cout<<"我的第一個C++程式 ";//列印字串
06
07      return 0;
08 }
```

當各位輸入完以上程式碼後，請執行「檔案／儲存」指令或是工具列上的「儲存」🖫 鈕，並以「Ch01_01」為檔名，「.cpp」為副檔名進行檔案。

1-4-4 程式碼編譯與執行

下來就要執行編輯過程，按下工具列中的編譯按鈕 ▦ 或執行「執行
／編譯」指令，如果出現以下視窗，代表檔案編譯成功：

```
Compilation results...
--------
- Errors: 0
- Warnings: 0
- Output Filename: D:\進行中書籍\▨▨ ▨▨▨▨▨\範例檔\ch01\CH01_01.exe
- Output Size: 1.83242321014404 MiB
- Compilation Time: 4.78s
```

當然這是範例程式，不會出現各種錯誤訊息。這時請執行「執行／執
行」指令或按下執行鈕 ▢。將會看到本程式的執行結果：

```
我的第一個C++程式
----------------------------------
Process exited after 0.2175 seconds with return value 0
請按任意鍵繼續 . . .
```

各位依樣畫葫蘆地操作了一遍從編寫、編譯與執行程式碼的過程
後，相信對C++程式應該已不陌生了。基本上，每個程式的雛形都大同小
異，寫程式就好像玩樂高積木一樣，都是由小到大慢慢學習。以下我們將
針對各位的第一個程式碼範例為您做快速解析，各位只需暫時了解，後面
章節會再詳加說明：

【程式範例】我的第一個C++程式：CH01_01.cpp

```
01 #include <iostream>
02
03 int main()
04 {
05     std::cout<<"我的第一個C++程式 ";//列印字串
06
07     return 0;
08 }
```

【指令解析】

第1行：含括iostream標頭檔，C++中有關輸出入的函數都定義在此。

第3行：main()函數為C++主程式的進入點，其中int是整數資料型態。

第5行：cout是C++語言的輸出指令，而「//」是C++的註解指令。

第7行：因為主程式被宣告為int資料型態，必須回傳（return）一個
　　　　值。

1-5 速學C++程式碼解析

　　本節將從認識C++程式基本架構開始談起，由於C++的指令撰寫是具有自由化格式（free format）精神，可以自由安排程式碼位置，每一行指令（statement）是以「;」作為結尾與區隔。在同一行指令中，對於完整不可分割的單元稱為字符（token），兩個字符間必須以空白鍵、tab鍵或輸入鍵來區隔。

　　C++程式的內容主要是由一個或多個函數組成，例如我們之前所看過的main()，就是函數的一種。所謂的函數，其實就是一種多行程式敘述的

組合，對電腦而言，一行敘述代表一個完整的指令，C++以分號作爲終止符號，代表一道指令的結束。

1-5-1 表頭檔區

表頭檔中通常定義了一些標準函數或類別來讓外部程式引用，在C++中是以前置處理器指令「#include」來進行引用的動作。例如C++的輸出（cout）、輸入（cin）函數都定義於iostream標頭檔內，因此在使用這些輸出入函數時，就得先將iostream標頭檔載入：

```
#include <iostream>
```

C++的表頭檔有新舊之分，其中舊型的副檔名爲「.h」，這種做法是沿用C語言表頭檔的格式，這類的表頭檔適用於C及C++程式的開發：

C/C++舊型標頭檔	說明
<math.h>	C的舊型標頭檔，包含數學運算函數
<stdio.h>	C的舊型標頭檔，包含標準輸出入函數
<string.h>	C的舊型標頭檔，包含字串處理函數
<iostream.h>	C++的舊型標頭檔，包含標準輸出入函數
<fstream.h>	C++的舊型標頭檔，包含檔案輸出入的處理函數

而新型的表頭檔沒有「.h」的副檔名，這類的表頭檔只能在C++的程式中使用，如下所示：

C++ 新型標頭檔	說明
<cmath>	C的<math.h>新型標頭檔
<cstdio>	C的<stdio.h>新型標頭檔

CHAPTER

1

C++ 新型標頭檔	說明
\<cstring\>	C的\<string.h\>新型標頭檔
\<iostream\>	C++的\<iostream.h\>的新型標頭檔
\<fstream\>	C++的\<fstream.h\>新型標頭檔

1-5-2 程式註解

當撰寫程式時，需要標示程式目的以及解釋程式碼時，最好使用註解來加以說明。越複雜的程式註解越重要，不僅有助於程式除錯，同時也讓其它人更容易了解程式。通常C++中以雙斜線（//）來表示註解（comment）：

```
//註解文字
```

//符號可單獨成為一行，也可跟隨在程式敘述之後，如下所示：

```
//宣告變數
int a, b, c, d;

a = 1;  //宣告變數a的值
b = 2;  //宣告變數b的值
```

我們知道C語言中是將文字包含在/*…*/符號範圍內作為註解，所以在C++中也可使用這種註解方式：

```
/*宣告變數*/

int a, b, c, d;


a = 1;   /*宣告變數a的值*/

b = 2;   /*宣告變數b的值*/
```

　　//符號式註解只可使用於單行，/*…*/註解則可跨越包含多行註解使用。當我們使用「/*」與「*/」符號來標示註解時必須注意/*與*/符號的配對問題，由於編譯器進行程式編譯時是將第一個出現的/*符號與第一個出現的*/符號視爲一組，而忽略其中所含括的內容。因此建議您最好採用C++格式的//註解符號，以免不小心忽略了結尾的符號（*/），而造成錯誤。

1-5-3 主程式區-main( )函數

　　C/C++都是相當符合模組化（module）設計精神的語言，也就是說，C/C++程式本身就是由各種函數所組成。所謂函數，就是具有特定功能的指令集合。其中main()函數更是作爲主程式的進入點， main函數包含兩部分：函數標題（function heading）以及函數主體（function body），在函數標題之前的部分稱爲回傳型態，函數名稱後的括號()裡面則爲系統傳遞給函數的參數。

■ 回傳型態（Return type）

　　表示函數回傳值的資料型態。例如下式是表示main()會傳回整數值給系統，而系統也不需傳遞任何參數給main函數。

```
int main()        //呼叫main函數時，無參數但須傳回整數
```

CHAPTER

1

　　也可以將上式寫成：

---

int main(void)　　//呼叫main函數時，無參數但須傳回整數

　　在()中使用void是明確地指出呼叫main函數時不需回傳參數。如果呼叫main函數時無參數也不需傳回任何值，則可用void回傳型態表示不回傳值，並省略回傳參數，如以下敘述：

---

void main()　　//呼叫main函數時，無參數也不傳回任何值

　　一般來說，函數主體是以一對大括號{與}來定義，在函數主體的程式區段中，可以包含多行程式敘述（statement），而每一行程式敘述要以「;」結尾。另外，程式區段結束後是以右大括號}來告知編譯器，且}符號之後，無需再加上「;」來做結尾。此外，妥善利用縮排來區分程式的層級，使得程式碼易於閱讀，像是在主程式中包含子區段，或者子區段中又包含其它的子區段時，這時候透過縮排來區分程式層級就顯得相當重要，通常編寫程式時我們會以Tab鍵（或者空白鍵）來作為縮排的間距。而函數主體的最後一行敘述則為：

---

return 回傳值;

　　這行敘述的最主要作用是回傳值給MS-DOS系統。如果回傳值為0，表示停止執行程式並且將控制權還給作業系統：

```
int main()                              //函數標題
{                                       //函數開始
                                        //敘述區
                                        //敘述區
        return 0;                       //傳回整數0給作業系統
}                                       //函數結束
```

1-5-4 名稱空間

　　名稱空間（namespace）是C++的新特性，當使用C++新型標題檔時，函數必須指定名稱空間。這個設計的目的是為了避免程式函數名稱與標準函數庫內的函數名稱相同，於是採用「名稱空間」來區隔使用的函數名稱。例如C++的標準程式庫的命名空間名稱為「std」，而關於C++標準程式庫中的「cin」及「cout」資料流輸入與輸出物件，就是被定義在「std」這個名稱空間。所以當使用這類函數時，必須在函數前面指定std名稱空間，例如：

```
std::cout<<"我的第一個C++程式";//列印字串
```

　　由於C++的新型標頭檔幾乎都定義於std名稱空間裡。要使用裡面的函數、類別與物件，也可以加上使用指令（using directive）的敘述，如此一來，就不需要在函數名稱前加上所屬的名稱空間。也就是說，如果開放標準程式庫所屬的命名空間std，便能直接呼叫使用物件，且不需冠上所屬之命名空間，using指定用法如下所示：

```
using namespace 名稱空間;
```

CHAPTER

1

　　例如CH01_01.cpp程式可改寫如下，在cout前省略了std::：

```
01 #include <iostream>
02
03 using namespace std;
04
05 int main()
06 {
07     cout<<"我的第一個C++程式 ";//列印字串
08
09     return 0;
10 }
```

1-5-5 輸出與輸入指令

　　相信學過C的讀者都知道C中的基本輸出入功能是以函數形式進行，必須配合設定資料型態，做不同格式輸出，例如printf()函數與scanf()函數。由於輸出格式對於使用者來說並不方便，所以C++將輸出入格式做了一個全新的調整，也就是直接利用I/O運算子做輸出入，且不需要搭配資料格式，全權由系統來判斷，只要直接引用<iostream>標頭檔即可。

　　簡單來說，在C++標準程式庫中定義了兩個資料流輸出與輸入的物件「cout」和「cin」。cout是代表由終端機輸出資料的物件，藉由「<<」運算子的使用便可以指定cout物件的內容，於終端機上輸出資料。

　　而cin物件可用來取得終端機的輸入資料，並將取得資料透過「>>」運算子指定給予程式中的變數或者物件。底下是以cout及cin的使用語法：

CHAPTER

1

```
cout << 輸出資料1 << 輸出資料2 << ...;
cin >> 變數;
```

從上述的語法中，得知可使用多個<<運算子結合多筆輸出資料指定給cout物件，其結合的順序為由左至右。例如底下的語法敘述：

```
cout << "Happy Birthday!" l;              //輸出單一字串
cout << "班級人數：" << 50 ;               //結合字串與數值的輸出方式
cout << "班級人數：" << total_number ;     //結合字串與變數的輸出方式
```

在以<<運算子指定給cout物件要輸出顯示的資料時，也可分成多行來撰寫，增加程式的可讀性，像底下這樣的寫法：

```
cout << "班級人數："
        << total_number;
```

cin物件也可同時使用多個>>運算子來取得多筆資料並指定給各個不同的變數，如下的方式：

```
cin >> 變數1 >> 變數2 >> 變數3 >>...;
```

【程式範例】：cout與cin運算子使用範例：CH01_02.cpp

```
01  #include<iostream>
02
03
04  using namespace std;
```

```
05
06 int main()
07 {
08     int a,b; //宣告整數型態a,b
09
10     cout<<"請輸入兩個數字:";//列印字串
11     cin>>a>>b;//輸入數字,輸入時以空格區分
12     cout<<"兩個數字之和="<<a+b<<endl;//計算兩數字之和
13
14     return 0;
15 }
```

【執行結果】

```
請輸入兩個數字:5 7
兩個數字之和=12

--------------------------------
Process exited after 2.278 seconds with return value 0
請按任意鍵繼續 . . .
```

【程式解說】

　　第4行開放std名稱空間,第10行利用cout運算子輸出字串,第11行則利用cin運算子輸入a與b兩整數。第12行計算並輸出兩整數之和。

本章課後評量

1. 試說明main()函數的功用。

2. 註解的功用為何？試說明之。

3. C++的特性為何？C++較其它程式語言具有哪些優點？

4. 請指出下列程式碼在編譯時會出現什麼錯誤？

```
#include <iostream>
using namespace std;
int main()
{
    int a;
    a=10;
    cout >> "a的值為：" >> a >> endl;
}
```

5. 何謂「整合性開發環境」（Integrated Development Environment，IDE）？

6. 請比較編譯器與直譯器兩者間的差異性。

7. 簡述程式語言演進過程分類。

8. 請說明 C++的程式註解。

第二章

變數與常數

　　電腦主要的功能就是擁有強大的運算能力，外界所得到的資料輸入電腦，並透過程式來進行運算，最後再輸出所要的結果。C++語言中最基本的資料處理對象就是變數（variable）與常數（constant），主要的用途就是儲存資料。

變數與常數就像是程式中用來存放資料的盒子

2-1 變數

變數（variable）是程式語言中最基本的角色，也就是在程式設計中由編譯器所配置的一塊具有名稱的記憶體，用來儲存可變動的資料內容。當程式需要存取某個記憶體的資料內容時，就可透過變數將資料由記憶體中取出或寫入。

變數就像齊天大聖孫悟空一樣，儲存的資料值可以變來變去

當C++變數宣告時，必須先以資料的型態來作為宣告變數的依據及設定變數名稱。基本上，變數具備了四個形成要素：

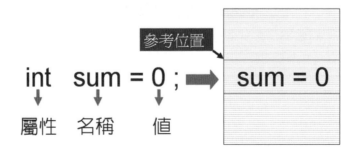

1. 名稱：變數本身在程式中的名字，必須符合C++中識別字的命名規則及可讀性。
2. 值：程式中變數所賦予的值。
3. 參考位置：變數在記憶體中儲存的位置。
4. 屬性：變數在程式的資料型態，如所謂的整數、浮點數或字元。

　　正確的變數宣告方式是由資料型態加上變數名稱與分號所構成，而變數名稱各位可以自行定義，並且區分爲宣告後再設値與宣告時設値兩種方式：

資料型態 變數名稱1, 變數名稱2, ……, 變數名稱n;
資料型態 變數名稱=初始値;

　　例如以下兩種宣告方式：

int a;　　　//宣告變數a，暫時未設値
int b=12; //宣告變數b 並直接設定初値爲12

　　在此我們要特別說明，變數的命名必須由「英文字母」、「數字」或者下底線「_」所組成，不過開頭字元可以是英文字母或是底線，但不可以是數字，也不可以使用-,*$@…等符號或空白字元。變數名稱必須區分大小寫字母，例如Tom與TOM會視爲兩個不同的變數。當然也不可使用C++所使用的關鍵字（Keyword），以免程式編譯時產生混淆，下表列出完整的C++關鍵字供您參考：

asm	false	sizeof
auto	float	static
bool	for	static_cast
break	friend	struct
case	goto	switch
catch	if	template
char	inline	this
class	int	throw
const	long	true
const_cast	mutable	try
continue	namespace	typedef
default	new	typeid
delete	operator	typename
do	private	union
double	protected	unsigned
dynamic_cast	public	using
else	register	virtual
enum	reinterpret_cast	void
explicit	return	volatile
export	short	wchar_t
extern	signed	while

下列則是一些錯誤的變數名稱範例：

變數名稱	錯誤原因
student age	不能有空格
1_age_2	第一個字元不可為數字

變數名稱	錯誤原因
break	break是C++保留字
@abc	第一個字元不可為特殊符號

宣告變數時，一定要先命名

　　通常為了程式可讀性，我們建議對於一般變數宣告習慣是以小寫字母開頭表示，如name、address等，而常數則是大寫字母開頭與配合底線「_」，如PI、MAX_SIZE。以下是合法與不合法的變數名稱比較：

合法變數名稱	不合法變數名稱
abc	@abc,5abc
_apple,Apple	dollar$,*salary
structure	struct

【程式範例】：變數宣告與輸出範例：CH02_01.cpp

以下的程式範例中宣告了兩個變數，在指定grade1變數值之後，並未設定grade1初始值，最後將兩個變數值顯示出來。

```
01 #include <iostream>
02
03
04 using namespace std; //開放std名稱空間
05
06 int main()
07 {
08       //宣告變數
09       int grade = 95;//指定變數值
10       int grade1;//未指定變數值
11       //顯示變數值
12       cout << "分數1:"<<grade << " 分數2："<< grade1 ;
13
14
15       return 0;
16 }
```

【執行結果】

```
分數1:95 分數2：1
------------------------------------
Process exited after 0.241 seconds with return value 0
請按任意鍵繼續 . . .
```

【程式解說】

第4行中使用了開放std名稱空間。在第9宣告整數型態的變數grade，並設定初值為95，第10行中grade1未指定變數值，因此會列印出不知名的數字，這是因為系統並未清除原先在那塊位址上的內容，才會出現先前所存放的數字。第12行則分別顯示grade及grade1的值。

2-2 常數

常數是指程式在執行的整個過程中，不能被改變的數值。例如整數常數45、-36、10005、0，或者浮點數常數：0.56、-0.003、1.234E2等等。在C++中，如果是字元常數時，還必須以單引號「''」括住，如'a'、'c'。當資料為字串時，必須以雙引號「""」括住字串，例如："apple"、"salary"等，都算是一種字面常數（Literal Constant）。

168.38是一種浮點數常數

常數識別字的命名規則與變數相同，我們稱為「定義常數」（Symbolic Constant），定義常數可以放在程式內的任何地方，但是一定要先宣告定義後才能使用。請利用保留字const和利用前置處理器中的#define指令來宣告自訂常數。宣告語法如下：

方式1：const 資料型態 常數名稱=常數值;

方式2：#define 常數名稱 常數值

請各位留意，由於#define為一巨集指令，並不是指定敘述，因此不用加上「=」與「;」。以下兩種方式都可定義常數：

---

const int radius=10;

#define PI 3.14159

Tips

所謂巨集（macro），又稱為「替代指令」，主要功能是以簡單的名稱取代某些特定常數、字串或函數，善用巨集可以節省不少程式開發的時間。

【程式範例】：計算球表面積演算法：CH02_02.cpp

以下程式範例中，我們要示範如何利用巨集指令#define與const關鍵字來定義與使用「定義常數」來計算圓面積。

```
01 #include <iostream>
02
03 using namespace std;
04
05 #define PI 3.14159 //PI 宣告為3.14159
06 const int Radius=111; //Radius 以const宣告為常數
```

```
07
08
09 int main()
10 {
11
12     cout<<"球半徑="<<Radius<<" 球表面積="<<4*Radius*Radius
   *PI<<endl; //列印球表面積
13
14
15     return 0;
16 }
```

【執行結果】

```
球半徑=111  球表面積=154830

--------------------------------
Process exited after 0.2103 seconds with return value 0
請按任意鍵繼續 . . .
```

【程式解說】

　　第5、6行分別以兩種方式宣告常數，在以#define形式宣告時，請無需宣告資料型態及「=」，通常是習慣加在程式最前端的巨集指令區。第12行則分別列印出球半徑與球表面積。

本章課後評量

1. 何謂變數，何謂常數？

2. 試簡述變數命名必須遵守哪些規則？

3. 變數具備了哪四個形成要素？

4. 當使用#define來定義常數時，程式會在編譯前先進行哪些動作？

5. C++的字元常數與字串必須如何表示？

6. 什麼是關鍵字（key word）？

第三章

基本資料型態

　　程式在執行過程中，不同資料會利用不同大小的空間來儲存，每種程式語言都擁有略微不同的基本資料型態，因此有了資料型態（Data Type）的規範。C++中的基本資料型態可分為四類：整數、浮點數、布林值與字元，不同的資料型態所占空間大小不同，往往也會因為電腦硬體與編譯器的位元數不同而有差異。

每種程式語言都有不同的基本資料型態

3-1 整數

整數資料型態是用來儲存不含小數點的數值

　　C++的整數資料型態是用來儲存整數型態的資料，並依據其是否帶有正負符號來劃分，可以分為「有號整數」（signed）及「無號整數」（unsigned）兩種。若以資料所占空間大小來區分，則有「短整數」（short）、「整數」（int）及「長整數」（long）三種類型：

■ 有號整數（signed）

　　帶符號整數就是有正負號之分的1整數。在資料型態之前加上signed修飾詞，那麼該變數就可以儲存正負數的資料。如果省略signed修飾詞，編譯程式會將該變數視為帶符號整數。底下將有號整數的資料型態、長度大小，及數值範圍整理成表格供您參考：

資料型態	長度	數值範圍	說明
signed short int	2 byte	-32,768～32,767	可簡寫為short
signed int	4 byte	-2,147,483,648～2,147,483,647	可簡寫為int
signed long int	4 byte	-2,147,483,648～2,147,483,647	可簡寫為long

CHAPTER

3

■ 無號整數（unsigned）

　　假若您在資料型態前加上unsigned修飾詞，那麼該變數只能儲存正整數的資料。由於無號整數不區分正負值，那麼資料長度就可以省下一個位元來表示數值的正／負值情形，因此在它的數值範圍中能夠表示更多的正數。底下將無號整數的資料型態、長度大小，及數值範圍整理成表格：

資料型態	長度	數值範圍	說明
unsigned short int	2 byte	0～65,535	可簡寫為unsigned short
unsigned int	4 byte	0～4,294,967,295	可簡寫為unsigned
unsigned long int	4 byte	0～4,294,967,295	可簡寫為unsigned long

　　了解了各種整數資料型態之後，接著底下我們來看看幾個有關整數變數宣告的例子：

```
short amount;          //宣告短整數amount
short int amount;      //宣告短整數amount，與前一行敘述同義

long amount;           //宣告長整數amount
long int amount;       //宣告長整數amount，與前一行敘述同義
```

```
int amount;                  //宣告整數amount
signed amount;               //宣告整數amount，與前一行敘述同義

unsigned amount;             //宣告無號整數amount
unsigned short amount;       //宣告無號短整數amount
```

整數也可以用八進位以及十六進位來表示：

■ 十進位整數：可直接寫出數值，表示該數值是十進位。例如：12345。

■ 八進位整數：數值開頭加上零（0）表示數值為八進位，如：01234。

■ 十六進位整數：數值開頭加上零x（0x）表示數值為十六進位，如：
0x41。

例如80這個整數可以利用下列三種方式來表示：

```
int i=80        //十進位
int i=0120      //八進位
int i=0x50      //十六進位
```

在此特別補充一點，由於在不同的編譯器上，會產生不同的整數資料
長度。各位如果懶得記那麼多，可以使用C++的sizeof()函數來瞧瞧各種
資料型態或變數的長度。宣告方法如下：

```
sizeof(資料型態)
或
sizeof(變數名稱)
```

二進制	八進制	十進制	十六進制
0	0	0	0
1	1	1	1
10	2	2	2
11	3	3	3
100	4	4	4
101	5	5	5
110	6	6	6
111	7	7	7
1000	10	8	8
1001	11	9	9
1010	12	10	A
1011	13	11	B
1100	14	12	C
1101	15	13	D
1110	16	14	E
1111	17	15	F

二、八、十、十六進位數字系統對照圖表

【程式範例】：不同進位整數宣告範例應用：CH03_01.cpp

以下程式範例分別列出了C++的整數修飾詞宣告與利用八進位、十進位、十六進位數值來設定值，再藉由sizeof()函數的回傳值來顯示變數儲存長度。

```
01  #include<iostream>
02
03  using namespace std;
04
```

```
05  int main()
06  {
07
08      short int number1=0200;//宣告短整數變數,並以八進位數設定其值
09      int number2=0x33f;//宣告整數變數,並以十六進位數設定其值
10      long int number3=1234567890;//宣告長整數變數,並以十進位數設定其值
11      unsigned long int number4=978654321;
12      //宣告無號長整數變數,並以十進位數設定其值
13
14      //輸出各種整數資料型態值與所占位元數
15
16      cout<<"短整數="<<number1<<"所占位元組:"<<sizeof(number1)<<endl;
17      cout<<"整數="<<number2<<"所占位元組:"<<sizeof(number2)<<endl;
18      cout<<"長整數="<<number3<<"所占位元組:"<<sizeof(number3)<<endl;
19      cout<<"無號長整數="<<number4<<"所占位元組:"<<sizeof(number4)<<endl;
20
21
22
23      return 0;
24  }
```

【執行結果】

```
短整數=128 所佔位元組:2
整數=831 所佔位元組:4
長整數=1234567890 所佔位元組:4
無號長整數=978654321 所佔位元組:4

---------------------------------
Process exited after 0.348 seconds with return value 0
請按任意鍵繼續 . . .
```

【指令解析】

第8～11行宣告各種整數資料變數，並分別利用八進位、十六進位、十進位數值來設定值。第16～19行藉由sizeof()函數的回傳值來輸出各種整數資料值所占的位元組。

3-2 浮點數

C++的浮點數（float）資料就是指帶有小數點或指數的數值。例如：3.14、5e-3等。依照占用記憶體的不同分為三種：float（浮點數）、double（倍浮點數）以及long double（長倍浮點數），如下表所示：

資料型態	位元組	表示範圍
float	4	1.17E-38～3.4E＋38　（精準至小數點後7位）
double	8	2.25E－308～1.79E+308　（精準至小數點後15位）
long double	12	1.2E +/- 4932　（精準至小數點後19位）

浮點數的預設型態是double型態，如果浮點變數想要宣告為float型態，在指定浮點數值時，可在字尾加上字元「F」或「f」，將數值轉換成float型態，如下所示：

```
float a = 3.1f;
```

浮點數的表示方法除了一般帶有小數點的方式，另一種是稱為科學記號的指數方式，例如3.14、-100.521、6e-2、3.2E-18等。其中e或E是代表C中10為底數的科學符號表示法。例如6e-2，其中6稱為假數，-2稱為指數。下表為小數點表示法與科學符號表示法的互換表：

小數點表示法	科學符號表示法
0.06	6e-2
-543.236	-5.432360e+02
1234.555	1.234555e+03
-51200	5.12E4
-0.0001234	-1.234E-4

　　科學記號表示法的各個數字與符號間不可有間隔，且其中「e」亦可為大寫「E」，其後所接的數字為10的乘方，因此7.6458e3所表示的浮點數為：

$$7.6458 \times 10^3 = 7645.8$$

3-3 布林資料型態

　　布林（bool）是一種表示邏輯的資料型態，它只有兩種值：「true（真）」與「false（偽）」，而這兩個值若被轉換為整數則分別為「1」與「0」。布林變數的宣告方法如下：

```
bool a;   //宣告布林變數但未給初值
bool a = true;   //宣告布林變數a為真
```

　　在程式中，布林資料型態常用來作為記錄某些條件狀況的判斷結果，例如下面的這行敘述：

```
bool result = a>b;
```

在這行敘述裡宣告了一個result的布林變數，並設定其初始值為條件式「a>b」的判斷結果，如果條件式a>b成立，則result值為true，反之則為false。

【程式範例】：布林變數的宣告與使用範例：CH03_02.cpp

```
01 #include <iostream>
02
03
04 using namespace std;
05
06 int main()
07 {
08      bool b;                 //宣告布林變數
09      int a=10;               //宣告整數變數並設定初值
10       b=(a>3);               //運算式
11       cout << b <<endl;      //顯示結果
12
13
14      return 0;
15 }
```

【執行結果】

```
1

--------------------------------
Process exited after 0.3136 seconds with return value 0
請按任意鍵繼續 . . .
```

【程式解說】

　　第8行宣告布林型態的變數b，第9行宣告整數變數並設定初值，第10行程式中的運算式「a>3」的執行結果為真，因此會傳回1。

3-4 字元

　　C++的字元型態包含了字母、數字、標點符號及控制符號等，在記憶體中是以整數數值的方式來儲存，每一個字元占用一個位元組（byte）的資料長度，通常字元會被編碼，所以字元ASCII編碼的數值範圍為「0〜127」之間，例如字元「A」的數值為65、字元「0」則為48。

Tips

　　ASCII（American Standard Code for Information Interchange）採用8位元表示不同的字元來制定電腦中的內碼，不過最左邊為核對位元，故實際上僅用到七個位元表示。也就是說ASCII碼最多只可以表示$2^7 = 128$個不同的字元。

　　在設定字元變數時，必須將字元置於「' '」單引號之間，而不是雙引號「""」。宣告字元變數的方式如下：

> 方式1：char 變數名稱1, 變數名稱2, ... , 變數名稱N;　//宣告多個字元變數
> 方式2：char 變數名稱 = '字元' ;　　　　　　　//宣告並初始化字元變數

　　例如以下宣告：

```
char ch1,ch2,ch3,ch4；
或是
char  ch5='A'；
```

　　由於每一個字元都會編上一個整數碼，也能分別使用十進位、八進位及十六進位的ASCII數值來設定，方式如下：

```
char 變數名稱=10進位ASCII碼;
char 變數名稱= '\ 8進位ASCII碼';
char 變數名稱= '\x+16進位ASCII碼';
char變數名稱= 「0」+8進位ASCII碼;
char變數名稱= 「\x」+16進位ASCII碼;
```

　　例如以下宣告：

```
char ch1=67;
char ch2='r';
char ch3='\111';
char ch4='\x61';
char ch5=0111;
char ch6=0x61;
```

　　至於字元的輸出格式化字元有兩種，分別可以利用%c直接輸出字元，或利用%d來輸出ASCII碼的整數值。

【程式範例】：字元變數的宣告與使用範例：CH03_03.cpp

```
01 #include <iostream>
02
03
04 using namespace std;
05
06 int main()
07 {
08       //宣告字元變數
09       char a='A';
10       char b=84;
11       char c=117;
12       //顯示結果
13       cout << "a=" << a <<endl;
14       cout << "b=" << b <<endl;
15       cout << "c=" << c <<endl;
16
17
18       return 0;
19 }
```

【執行結果】

```
a=A
b=T
c=u

----------------------------------
Process exited after 0.2748 seconds with return value 0
請按任意鍵繼續 . . . ▄
```

【程式解說】

　　第9～11行宣告字元型態的變數和分別以字元及整數來設定初值,其中第10、11行的變數b、c初值指定為ASCII值,所以顯示結果為T與u。

3-4-1 跳脫序列

　　字元型態資料中還有一些特殊字元無法利用鍵盤來輸入或顯示於螢幕上,這時候必須在字元前加上「跳脫字元」(\),來通知編譯器將反斜線後面的字元當成一般的字元顯示,或者進行某些特殊的控制,例如之前我們提過的「\n」字元,就是表示換行的功用。

　　由於反斜線之後的某字元將跳脫原來字元的意義,並代表另一個新功能,我們稱它們為跳脫序列(escape sequence)。下面特別整理了C的跳脫序列與相關說明。如下表所示:

跳脫序列	說明	十進位 ASCII碼	八進位 ASCII碼	十六進位 ASCII碼
\0	字串結束字元(Null Character)	0	0	0x00
\a	警告字元,使電腦發出嗶一聲(alarm)	7	007	0x7
\b	倒退字元(backspace),倒退一格	8	010	0x8
\t	水平跳格字元(horizontal Tab)	9	011	0x9
\n	換行字元(new line)	10	012	0xA
\v	垂直跳格字元(vertical Tab)	11	013	0xB
\f	跳頁字元(form feed)	12	014	0xC
\r	返回字元(carriage return)	13	015	0xD
\"	顯示雙引號(double quote)	34	042	0x22
\'	顯示單引號(single quote)	39	047	0x27
\\	顯示反斜線(backslash)	92	0134	0x5C

CHAPTER

3

除了以上的介紹，跳脫字元還有些有趣的應用。例如單引號（'）、雙引號（"）、跳脫字元（\）等，通常可用來標示某些字元或字串的值，如果要把包括它們的值指定給字元或字串中時，還是必須運用（\）跳脫字元。如下所示：

```
char ch='\'';    // ch的資料值為'
char ch1='\"';    // ch1的資料值為"
char ch2='\\';    //ch2的資料值為\
```

【程式範例】：跳脫字元的宣告與輸出範例：CH03_04.cpp

```
01   #include <iostream>
02
03
04   using namespace std;
05
06   int main()
07   {
08
09       cout<<"\"\x48\x45\x4c\x4c\x4f\x21";  //以16進位表示法顯示"HELLO!字元
10       cout<<"\x57\x4f\x52\x4c\x44\x21\"""<<endl;
11       //以16進位表示法顯示WORLD!字元，最後將游標換行
12
13
14       return 0;
15   }
```

【執行結果】

```
"HELLO!WORLD!"

--------------------------------
Process exited after 0.3453 seconds with return value 0
請按任意鍵繼續 . . .
```

【程式解說】

第9～10行中使用「\"」來在printf()函數中顯示「"」符號，以及使用十六進位表示法來表示每一個字元的ASCII碼，並且藉由「\」符號來轉換成字元及輸出。

3-5 資料型態轉換

在C++的資料型態應用中，如果不同資料型態變數做運算時，往往會造成資料型態間的不一致與衝突，如果不小心處理，就會造成許多邊際效應的問題，這時候「資料型態轉換」（Data Type Coercion）功能就派上用場了。資料型態轉換功能在C++中可以區分為自動型態轉換與強制型態轉換兩種。

3-5-1 自動型態轉換

一般來說，在程式執行過程中，運算式中往往會使用不同型態的變數（如整數或浮點數），這時C++編譯器會自動將變數儲存的資料，自動轉換成相同的資料型態再做運算。

C++在運算式中會依照型態數值範圍較大者作為轉換的依循原則，例如整數型態會自動轉成浮點數型態，或是字元型態會轉成short型態的ASCII碼：

```
char c1;
int no;

no=no+c1; // c1會自動轉爲ASCII碼
```

此外，並且如果指定敘述「＝」兩邊的型態不同，會一律轉換成與左邊變數相同的型態。當然在這種情形下，要注意執行結果可能會有所改變，例如將double型態指定給short型態，可能會遺失小數點後的精準度。以下是資料型態大小的轉換的順位：

```
double ＞ float ＞ unsigned long ＞ long ＞ unsigned int ＞ int
```

例如以下程式片段：

```
int i=3;
float f=5.2;
double d;

d=i+f;
```

其轉換規則如下所示：

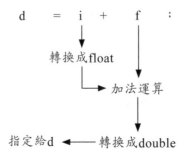

　　當「=」運算子左右的資料型態不相同時，是以「=」運算子左邊的資料型態爲主，以上述的範例來說，指定運算子左邊的資料型態大於右邊的，所以轉換上不會有問題；相反的，如果=運算子左邊的資料型態小於右邊時，會發生部分的資料被捨去的狀況，例如將float型態指定給int型態，可能會遺失小數點後的精準度。

【程式範例】：運算式型態轉換的應用範例：CH03_05.cpp

　　以下程式範例是計算不同型態變數間的型態轉換轉換動作，由於會發生截斷轉型現象，因此在編譯時會出現警告訊息，且由執行結果可觀察整數result的值會少了小數位數。

```
01 #include <iostream>
02
03
04 using namespace std;
05
06 int main()
07 {
08
09     int  a = 4;
10     float b = 85;
11     double c = 3.5;
12     int result;
13     result =a*b+c;
14
15     cout<<"a*b+c="<<a*b+c<<endl;
16     cout<<"result="<<result<<endl;
17
18
19     return 0;
20 }
```

【執行結果】

```
a*b+c=343.5
result=343

--------------------------------
Process exited after 0.3067 seconds with return value 0
請按任意鍵繼續 . . .
```

【程式解說】

　　第9～11行宣告三種不同型態的變數，並在第13行進行四則運算後指定給整數result。第15～16行分別輸出result與a*b+c兩者結果來進行比較。

3-5-2 強制型態轉換

強制型態轉換就是一種命令式轉換

CHAPTER

3

　　在C++中，對於針對運算式執行上的要求，還可以有「暫時性」轉換資料的型態。資料型態轉換只是針對變數儲存的「資料」做轉換，但是不能轉換變數本身的「資料型態」。有時候為了程式的需要，C++也允許使用者自行強制轉換資料型態。如果各位要對運算式或變數強制轉換資料型態，可以使用如下的語法：

```
(資料型態)運算式或變數；
```

　　我們來看以下的一種運算情形：

```
int i=100, j=3;
float Result;
Result=i/j;
```

　　運算式型態轉換會將i/j的結果（整數值33），轉換成float型態再指定給Result變數（得到33.000000），小數點的部分完全被捨棄，無法得到精確的數值。如果要取得小數部分的數值，可以把以上的運算式改以強制型態轉換處理，如下所示：

```
Result=(float) i/ (float) j;
```

　　還有一點要提醒各位注意！對於包含型態名稱的小括號，絕對不可以省略。另外在指定運算子（＝）左邊的變數可不能進行強制資料型態轉換！例如：

```
(float)avg=(a+b)/2;   //不合法的指令 *
```

【程式範例】：強制型態轉換的應用範例：CH03_06.cpp

　　以下程式範例是由使用者輸入a、b和c三個數值，並帶入下列公式，求出d值。

$$d = \frac{(a^2+b^2)*c}{abc}$$

```
01 #include <iostream>
02
03
04 using namespace std;
05
06 int main()
07 {
08      //宣告變數
09      int a, b, c;
10      float d;
11      //輸入三個數
12      cout << "請輸入三個數a, b, c:";
13      cin >> a >> b >> c;
14      d = (a*a+b*b)*c / (float)(a*b*c); //運算式
15      cout << "計算結果=" << d << '\n';
16
17
18      return 0;
19 }
```

【執行結果】

```
請輸入三個數a, b, c:4 6 8
計算結果=2.16667

--------------------------------
Process exited after 6.198 seconds with return value 0
請按任意鍵繼續 . . .
```

【程式解說】

　　第9、10行宣告整數變數a, b, c與浮點數型態的變數d來存放計算結果，由於公式有除法，計算結果d可能會有小數，所以變數d以float型態來宣告。第14行在(a*b*c)之前加上(float)，是為了將整數型態的除數(a,b,c)計算後的值轉換為浮點數型態。如果除數不轉換為浮點數，計算的結果將忽略小數點，整個計算結果就不正確了。

3-6 上機程式測驗

1. 假設某道路全長765公尺，現欲在橋的兩旁兩端每17公尺插上一支旗子，如果每支旗子需210元，請設計一個程式計算共要花費多少元？
   解答：CH03_07
2. 請設計一C++程式，分別以字元、十進位、八進位與十六進位的數值與ASCII碼方式指定給字元變數ch，並且得到相同輸出結果。
   解答：CH03_08.cpp
3. 請設計一C++程式，輸出以下運算式後a與b的結果：

```
a=b=c=100;
a=a+5;
b=a+b+c;
```

解答：CH03_09.cpp

4. 請設計一C++程式，輸出兩數比較與邏輯運算子相互關係的眞值表，請各位特別留意運算子間的交互運算規則及優先次序。

解答：CH03_10.cpp

5. 請設計一C++程式，當a=b=5時，經過以下運算式後，請輸出a與b的值。

```
a+=5;
b*=6;
cout<<"a="<<a<<" b="<<b<<endl;
a+=a+=b+=b%=4;
cout<<"a="<<a<<" b="<<b<<endl;
```

解答：CH03_11.cpp

本章課後評量

1. 請將整數值45以C++中的八進位與十六進位表示法表示。

2. 字元資料型態在輸出入上有哪兩種選擇？

3. 如何在指定浮點常數值時，將數值轉換成float型態？

4. 請說明以下跳脫字元的含意：

(a)\t　(b)\n　(c)\"　(d)\　(e)\\

5. 宣告unsigned型態的變數有何特點？

6. 請說明以下的Result值爲何？是否符合運算上的精確值？如果沒有，該如何修正？

```
int i=100, j=3;
    float Result;
    Result=i/j;
```

7. 我們知道字元的實際內容值為數值，那麼也可以讓字元與一般的數值來進行運算。請問以下運算結果為何？

```
100+'A';
```

第四章

運算式與運算子

　　精確快速的計算能力稱得上是電腦最重要的能力之一，而這些就是透過程式語言的各種指令來達成，而指令的基本單位是運算式與運算子。不論如何複雜的程式，本質上多半是用來幫助我們從各種運算的工作，而這些都必須依賴一道道的運算式程式碼來完成。各位都學過數學的加減乘除四則運算，如3+5、3/5、2-8+3/2等，這些都可算是運算式的一種。

任何運算都跟運算元及運算子有關

　　在C++中的運算式是由運算元及運算子組合而成，運算元包括了常數、變數、函數呼叫或其它運算式，例如以下就是個簡單的運算式：

```
d=a*b+f*100-123.4;
```

在上式中 d、a、b、f、100、123.4 等常數或變數稱為運算元
（operand），而 =、*、- 等運算符號稱為運算子（operator）。

4-1 常見運算子簡介

運算式組成了各種快速計算的成果，而運算子就是種種運算舞臺上的
演員。C 運算子的種類相當多，分門別類地執行各種計算功能，例如指定
運算子、算術運算子、關係運算子、邏輯運算子、遞增遞減運算子等常見
運算子。

4-1-1 指定運算子

指定運算子是一種指定的概念

「=」符號在數學的定義是等於的意思，不過在程式語言中就完全不

同，主要作用是將「=」右方的值指派給「=」左方的變數，由至少兩個
運算元組成。以下是指定運算子的使用方式：

> 變數名稱 = 指定值 或 運算式；

　　例如：

```
a= a + 1;        /* 將a值加5後指派給變數a */
c= 'A';          /* 將字元'A'指派給變數c */
```

　　這個a=a+1是很經典的運算式，雖然在數學上根本不成立，在C++中
是指等到利用指定運算子（＝）來設定數值時，才將右邊的數值或運算式
的值指定給（＝）左邊的位址。

　　在指定運算子（＝）右側可以是常數、變數或運算式，最終都將會值
指定給左側的變數，而運算子左側也僅能是變數，不能是數值、函數或運
算式等。例如運算式X-Y=Z就是不合法的。

　　指定運算子除了一次指定一個數值給變數外，還能夠同時指定同一個
數值給多個變數。例如：

```
int a,b,c;
a=b=c=10;
```

　　此時運算式的執行過程會由右至左，先將數值10指定給變數c，然後
再依序指定給b與a，所以變數a、b及c的內容值都是10。

4-1-2 算術運算子

算術運算子（Arithmetic Operator）是程式語言中使用率最高的運算子，包含了四則運算、正負號運算子、%餘數運算子等。下表是算術運算子的語法及範例說明：

運算子	說明	使用語法	執行結果（A=15,B=7）
+	加	A + B	15+7=22
-	減	A - B	15-7=8
*	乘	A * B	15*7=105
/	除	A / B	15/7=2
+	正號	+A	+15
-	負號	-B	-7
%	取餘數	A % B	15%7=1

　　+-*/運算子與我們常用的數學運算方法相同，而正負號運算子主要表示運算元的正／負值，通常設定常數為正數時可以省略+號，例如「a=5」與「a=+5」意義是相同的。而負號除了使常數為負數外，也可以使得原來為負數的數值變成正數。例如下面的例子：

```
10-3*3
```

　　上述的運算結果是1。因為負號的處理優先權高於乘號，所以會將-3乘上3得到-9，接著10再與-9進行運算，最後即得到結果1。

【程式範例】：四則運算子的運算說明與示範：CH04_01.cpp
　　如果兩個整數相除，計算結果仍然會是整數，如果商數含有小數，會被自動去除，底下以實際的程式範例來為您說明。

```
01 #include <iostream>
02
03
04 using namespace std;
05
06 int main()
07 {
08      int a=10,b=7,c=20;
09      cout << a/b <<endl;
10      cout << (a+b)*(c-10)/5 <<endl;
11      //顯示「(a+b)*(c-10)/5」的回傳值
12
13
14      return 0;
15 }
```

【執行結果】

```
1
34

--------------------------------
Process exited after 0.1695 seconds with return value 0
請按任意鍵繼續 . . .
```

【程式解說】

　　第8行宣告整數型態的變數a、b、c，並且分別設定變數的初值。第9行顯示「a/b」的回傳值，由於變數a、b、c是以整數型態來宣告，所以a與b兩個整數相除，回傳結果仍為整數1，也就是不保留小數部分。第10

行的(a+b)*(c-10)/5會先計算括號部分,再計算乘除部分,所以回傳值為34。

　　至於餘數運算子「%」平常生活中較為少見,主要是計算兩數相除後的餘數,而且這兩個運算元必須為整數、短整數或長整數型態,不可以是浮點數。例如:

```
int a=10,b=7;
cout << a%b;   //此行執行結果為3
```

【程式範例】:餘數運算子(%)的說明與示範:CH04_02.cpp

```
01 #include <iostream>
02 using namespace std;
03
04 int main()
05 {
06     int a,b;
07
08     cin>>a>>b;
09     cout<<"a="<<a<<" b="<<b<<endl;
10     cout<<a<<"%"<<b<<"="<<a%b<<endl;
11
12     return 0;
13 }
```

【執行結果】

```
4
5
a=4 b=5
4%5 =4

--------------------------------
Process exited after 19.54 seconds with return value 0
請按任意鍵繼續 . . .
```

【程式解說】

　　第8行輸入a與b的值。第10行輸出a與b的餘數值。

4-1-3 關係運算子

　　關係運算子主要是在比較兩個數值之間的大小關係,並產生布林型態的比較結果,通常用於流程控制語法。當使用關係運算子時,所運算的結果就是成立或者不成立。狀況成立,稱之為「真(true)」,狀況不成立,則稱之為「假(false)」。false是用數值0來表示,其它所有非0的數值,則表示true(通常會以數值1表示)。關係比較運算子共有六種,如下表所示:

運算子	功能	用法
>	大於	a>b
<	小於	a<b
>=	大於等於	a>=b
<=	小於等於	a<=b
==	等於	a==b
!=	不等於	a!=b

4-1-4 邏輯運算子

　　邏輯運算子也是運用在邏輯判斷的時候，可控制程式的流程，通常是用在兩個表示式之間的關係判斷。邏輯運算子共有三種，如下表所列：

運算子	功能	用法
&&	AND	a>b && a<c
||	OR	a>b || a<c
!	NOT	!(a>b)

　　有關AND、OR和NOT的運算規則說明如下：

■AND：當AND運算子（&&）兩邊的條件式皆為眞（true）時，結果才為眞，例如：假設運算式為a>b && a>c，則運算結果如下表所示：

a > b的真假值	a > c的真假值	a>b && a>c 的運算結果
眞	眞	眞
眞	假	假
假	眞	假
假	假	假

■OR：當OR運算子（||）兩邊的條件式，有一邊為眞（true）時，結果就是眞，例如：假設運算式為a>b || a>c，則運算結果如下表所示：

a > b的真假值	a > c的真假值	a>b || a>c 的運算結果
眞	眞	眞
眞	假	眞
假	眞	眞
假	假	假

■NOT（!）：這是一元運算子，可以將條件式的結果變成相反值，例如：假設運算式為!（a>b），則運算結果如下表所示：

a > b的真假值	!（a>b）的運算結果
真	假
假	真

底下我們直接由例子來看看邏輯運算子的使用方式：

```
01  bool result;
02  int a=5,b=10,c=6;
03  result = a>b && b>c;
04  //條件式a>b的傳回值與條件式b>c的傳回值做AND運算
05  result = a<b || c!=a;
06  //條件式a<b的傳回值與條件式c!=a的傳回值做OR運算
07  result = !result;            //將result的值做NOT運算
```

上面的例子中，第3、5行敘述分別以運算子&&、||結合兩條件式，並將運算後的結果儲存到布林變數result中，在這裡由於&&與||運算子的運算子優先權較關係運算子>、<、!=等來得低，因此運算時會先計算條件式的值，之後再進行AND或OR的邏輯運算。第5行敘述則是以!運算子進行NOT邏輯運算，取得變數result的反值（true的反值為false，false的反值為true），並將傳回值重新指派給變數result，這行敘述執行後的結果會使得變數result的值與原來的相反。

4-1-5 條件運算子

條件運算子（?:）是C++語言中唯一的「三元運算子」，它可以藉由判斷式的真假值，來傳回指定的值。其使用語法如下所示：

> 條件判斷式?程式敘述1：程式敘述2;

例如：

> (a>b?1:-1)

條件運算子首先會執行判斷式（a>b），如果判斷式的結果為真，則會傳回「:」符號前的值（1）；如果結果為假，則傳回「:」符號後的值（-1）。

【程式範例】：條件運算子的說明與示範：CH04_03.cpp

```
01  #include <iostream>
02
03
04  using namespace std;
05
06  int main()
07  {
08      int Select, Answer; // 定義整數變數 Select, Result
09      Answer=77; // Result 記錄預設的數字(77)
10
11      cout << "猜猜系統的幸運數字(2位數):";
12      cin >> Select;
13      Select == Answer ?  cout << "運氣不錯喔.... 猜到了"// ?: 條件運算子
14      :  cout << "抱歉.... 沒有猜中....";
15      cout << endl;  // 換行
16
17      return 0;
18  }
```

【執行結果】

```
猜猜系統的幸運數字<2位數>:77
運氣不錯喔.... 猜到了

--------------------------------
Process exited after 11.7 seconds with return value 0
請按任意鍵繼續 . . . ■
```

【程式解說】

　　第8行定義整數變數Select與Answer。第9行設定變數Answer的值，作為系統預設的答案。第13行使用「?:」條件運算子，由條件判斷的結果，顯示輸出的訊息，只有輸入系統預設的數字時，條件才會成立，顯示猜中的訊息；其它的數值，則條件判斷都不成立，顯示沒有猜中的訊息。

　　事實上，「?:」條件運算子最常在以下的這種形式使用：

變數=條件判斷式?程式敘述1：程式敘述2;

　　在條件判斷式成立（True）時，變數值會等於程式敘述1的執行結果；不成立（False）時，變數值會等於程式敘述2的執行結果。使用這種方式，可以讓程式碼看起來比較簡潔。

4-1-6 複合指定運算子

　　在C++中還有一種複合指定運算子，是由指派運算子（=）與其它運算子結合而成。先決條件是「=」號右方的來源運算元必須有一個是和左方接收指定數值的運算元相同，如果一個運算式含有多個複合指定運算子，運算過程必須是由右方開始，逐步進行到左方。

　　例如以「A += B;」指令來說，它就是指令「A=A+B;」的精簡寫法，也就是先執行A+B的計算，接著將計算結果指定給變數A。這類的運算子有以下幾種：

運算子	說明	使用語法
+=	加法指定運算	A += B
-=	減法指定運算	A -= B
*=	乘法指定運算	A *= B
/=	除法指定運算	A /= B
%=	餘數指定運算	A %= B
&=	AND位元指定運算	A &= B
|=	OR位元指定運算	A |= B
^=	NOT位元指定運算	A ^= B
<<=	位元左移指定運算	A <<= B
>>=	位元右移指定運算	A >>= B

4-2 遞增與遞減運算子

　　接著我們要介紹的運算子相當特別，也就是C++中專有的遞增「++」及遞減運算子「--」。遞增運算子為一元運算子，可用來將運算元內容值加1。遞增運算子可放在運算元的前方或後方，不同的位置則會產生截然不同的計算順序，當然得到的結果也不會相同。如果放在運算元之前，則運算元遞增的動作會優先執行；如果是放在運算元之後，則遞增動作將在最後階段才執行。例如：

```
++變數名稱;
變數名稱++;
```

下表說明了遞增運算子（++）兩種格式的運作方式：

運算式	執行順序說明	
b=++a	a=a+1; b=a;	//先將a值加1 //再將a值指定給b，b值改變
b=a++	b=a; a=a+1;	//先將a值指定給b //a值再加1，但b值改變

以下我們以實際程式範例來看看遞增運算子兩種格式所產生的運算結果。

【程式範例】：遞增運算子的說明與示範：CH04_04.cpp

```
01 #include <iostream>
02 #include <cstdlib>
03 using namespace std;
04
05 int main()
06 {
07     int a=3,b,c=3,d;
08     b=a++;
09     cout <<b<<endl;
10     d=++c;
11     cout << d <<endl;
12
13     return 0;
14 }
```

【執行結果】

```
3
4
_____
Process exited after 0.4252 seconds with return value 0
請按任意鍵繼續 . . .
```

【程式解說】

　　第7行宣告整數型態的變數a、b、c，並且將a、c變數的初值設定為3。第8行執行「a++」，並將計算結果指定給b。第9行顯示「b」的回傳值。第10行執行「++c」，並將計算結果指定給d。第11行顯示「d」的回傳值。

　　至於遞減運算子與遞增運算子的格式與功能相仿，可將運算元內容值減1。遞減運算子可放在運算元的前方或後方，不同的位置則會產生截然不同的計算順序，當然得到的結果也不會相同。例如：

```
--變數名稱;
變數名稱--;
```

　　下表說明了遞減運算子（--）兩種格式的運作方式：

運算式	相當於此執行順序	
b=--a	a=a-1;	//先將a值減1
	b=a;	//再將a值指定給b，b值改變
b=a--	b=a;	//先將a值指定給b
	a=a-1;	//a值再減1，b值不變

　　底下我們以實際程式範例來看看遞減運算子兩種格式所產生的運算結果。

【程式範例】：遞減運算子的說明與示範：CH05_04.cpp

```
01 #include <iostream>
02 #include <cstdlib>
03 using namespace std;
04
05 int main()
06 {
07     int a=3,b,c=3,d;
08     b=a--;
09     cout <<b<<endl;
10     d=--c;
11     cout << d <<endl;
12
13     return 0;
14 }
```

【執行結果】

```
3
2

--------------------------------
Process exited after 0.3301 seconds with return value 0
請按任意鍵繼續 . . .
```

【程式解說】

　　第7行宣告整數型態的變數a、b、c，並且將a,c變數的初值設定為3。第8行執行「a--」，並將計算結果指定給b。第9行顯示「b」的回傳值。第10行執行「--c」，並將計算結果指定給d。第11行顯示「d」的回傳值。

4-3 運算式簡介

　　運算式中依照運算子處理運算元個數的不同，可以區分成「一元運算式」、「二元運算式」及「三元運算式」等三種。下面我們簡單介紹這些運算式的特性與範例：

■ 一元運算式：由一元運算子所組成的運算式，在運算子左側或右側僅有一個運算元。例如-100（負數）、tmp--（遞減）、sum++（遞增）等。

■ 二元運算式：由二元運算子所組成的運算式，在運算子兩側都有運算元。例如A+B（加）、A=10（等於）、x+=y（遞增等於）等。

■ 三元運算式：由三元運算子所組成的運算式。由於此類型的運算子僅有「:?」（條件）運算子，因此三元運算式又稱為「條件運算式」。例如a>b ? 'Y':'N'。

4-3-1 運算子優先順序

　　當運算式使用超過一個運算子時，例如z=x+3*y，就必須考慮運算子優先順序。藉由數學基本運算（先乘除後加減）的觀念，這個運算式會先執行3*y的運算，再把運算結果與x相加，最後才將相加的結果指定給z，得到算式的答案。因此在C++中，可以說*運算子的優先順序高於+運算子。

　　基本上，四則（+-*/）運算的運算子，使用者比較不容易弄錯。但是如果再結合C++語言的其它運算子，例如底下的運算式：

```
if (a+b == c*d)
```

　　如果不清楚運算子的優先順序情況，對於上面的式子就不是很容易理解了。所以在處理一個多運算子的運算式時，有一些規則與步驟是必須要遵守，如下所示：

1. 當遇到一個運算式時，先區分運算子與運算元。
2. 依照運算子的優先順序做整理的動作。
3. 將各運算子根據其由左至右順序進行運算。

　　通常運算子是會依照其預設的優先順序來進行計算，但是也可利用「（）」括號來改變優先順序。以下是C中各種運算子計算的優先順序：

運算子	說明
()	括號
! - ++ --	邏輯運算NOT 負號 遞增運算 遞減運算
* / %	乘法運算 除法運算 餘數運算
+ -	加法運算 減法運算
> >= < <=	比較運算大於 比較運算大於等於 比較運算小於 比較運算小於等於

CHAPTER

4

運算子	說明
== !=	比較運算等於 比較運算不等於
&& ||	邏輯運算AND 邏輯運算OR
?:	條件運算子
=	指定運算

4-4 上機程式測驗

1. 請設計一C++程式，輸入任何一個三位數以上的整數，並利用餘數運算子（%）所寫成的運算式來輸出其百位數的數字。例如4976則輸出9，254637則輸出6。

　　解答：CH04_06.cpp

2. 請設計一C++程式，能夠讓使用者輸入準備兌換的金額，並能輸出所能兌換的百元、50元紙鈔與10元硬幣的數量。

　　解答：CH04_07.cpp

3. 請設計一程式，經過以下宣告與運算後A、B、C的值。

```
int A,B,C;
A=5,B=8,C=10;
A=B++*(C-A)/(B-A);
```

　　解答：CH04_08.cpp

4. 請設計一C++程式，可輸入學生的三科成績，並利用運算式來輸出每筆成績與計算三科成績的總分與平均成績，最後將此三科成績與總分及平均都輸出。

解答：CH04_09.cpp

本章課後評量

1.請問C++中的"=="運算子與"="運算子有何不同？

2.以下程式碼的列印結果為何？

```
int a,b;

a=5;
b=a+++a--;
cout<<b<<endl;
```

3.請說明下列混合指定運算子的含意：

(a)+=　　(b)-=　　(c)%=

4.請說明以下複合指定運算子的運算式的詳細運算步驟。

```
a+=a+=b+=b%=4;
```

5.何謂三元運算子？請簡述之。

6.請問以下程式碼中D的值為何？

```
01  int main()
02  {
03  int A=123,B=100,C=50,D;
04  D=A&B&&B&A&&C;
05  cout<<D<<endl;
06
07  return 0;
08  }
```

7. 請問以下3～5行的輸出結果為何？

```
01 int a = 101;
02 int b = 101;
03 cout << "~a = " << (~a) <<endl;
04 cout << "a & b = " << (a & b) <<endl;
05 cout << "a | b = " << (a | b) <<endl;
```

8. 請以乘法指派運算子（*=）改寫算式a=a*10。

9. 請問以下程式碼的輸出結果為何？

```
int a,b;
    a=40;
    b=30;
    cout << " a && b = " << (a && b) << endl;
    cout << " !a = " << (!a) << endl;
    cout << "(a < 50) && (b > 40) = " << ((a < 50) && (b > 40)) << endl;
```

10. 請比較以下兩程式片段所輸出的結果：

(a)

```
int i = 2;
cout << 2*i++;
cout << i;
```

(b)

```
int i = 2;
cout << 2*++i;
cout << i;
```

11. 請問以下程式碼的輸出結果為何？

```
int a,b;
    a=100;
    b=30;
    cout << "a+b-90*4/2-(a+100) = " << a+b-90*4/2-(a+100) << endl;
    cout << "(a*3/2+90)-(b+50*2)/2 = " << (a*3/2+90)-(b+50*2)/2 << endl;
```

12. 已知a=20、b=30，請計算下列各式的結果：

```
a-b%6+12*b/2
(a*5)%8/5-2*b)
(a%8)/12*6+12-b/2
```

CHAPTER

4

第五章

流程控制

　　程式的進行順序可不是像我們中山高速公路，由北到南一路通到底，有時複雜到像北宜公路上的九彎十八拐，幾乎讓人暈頭轉向。C++也是一種很典型的結構化程式設計語言，核心精神就是「由上而下設計」與「模組化設計」。

程式執行流程就像四通八達的公路

　　模組化設計可以由C++程式是函數的集合體看出端倪，也就是說，C++程式本身就是由各種函數所組成，各位就可把函數視為一種模組。至於C++的流程控制主要是依照原始碼的順序由上而下執行，不過有時也會視需要來改變順序，此時就可由各種流程控制指令來告訴電腦，應該優先以何種順序來執行指令。

5-1 流程控制

對於一個結構化程式，不管其結構如何複雜，皆可利用以下基本控制流程來加以表達，C++包含了三種常用的流程控制結構，分別是「循序結構」（Sequential structure）、「選擇結構」（Selection structure）以及「重複結構」（Repetition structure）。

■ 循序結構

循序結構就是一種直線進行的概念

循序結構就是一個程式敘述由上而下接著一個程式敘述，沒有任何轉折的執行指令，如下圖所示：

【程式範例】：梯形面積公式的應用範例：CH05_01.cpp

　　以下程式範例是一種典型的循序結構應用，由使用者輸入梯形的上底、下底和高，計算出梯形的面積。

> 梯形面積公式：(上底+下底)*高/2

```
01 #include <iostream>
02
03
04 using namespace std;
05
06 int main()
07 {
08     //宣告變數
09     int x ,y , h;
10     float ans;
11     //輸入梯形的長、寬、高
12     cout << "請輸入梯形的長、寬、高：";
```

```
13    cin >> x >> y >> h;//運算式
14    ans=(float)(x+y)*(float)h/2;
15    cout << "梯形面積=" << ans << endl;
16
17    return 0;
18 }
```

【執行結果】

```
請輸入梯形的長、寬、高：4 6 10
梯形面積=50

--------------------------------
Process exited after 15.34 seconds with return value 0
請按任意鍵繼續 . . .
```

【程式解說】

　　第9～10行：宣告整數變數x,y,h分別存放梯形的上底、下底、高，宣告浮點數型態的變數ans來存放計算結果。第13行以cin連續取得輸入的上底、下底、高(x,y,h)資料，當輸入資料時，只要按下Tab鍵、Enter鍵或空白鍵為變數區隔，即可將資料放入x、y、h中。第14行在(x+y)以及h前加上(float)，是為了將整數型態的x,y,h計算後的值轉換為浮點數型態，以求得精確的計算結果。

■ 選擇結構

　　各位還記得在前面談到關係運算子的時候，簡單介紹了一下if指令，它就是一種選擇結構，就像你走到了一個十字路口，不同的目的地有不同的方向。各位在大學時，將自己的興趣與職場規劃作爲選校的標準，也是一種不折不扣的選擇結構。

汽車行進路口該轉向哪個方向就是種選擇結構

選擇結構（Selection structure）對於程式語言，就是一種條件控制敘述，包含有一個條件判斷式，如果條件爲眞，則執行某些程式，一旦條件爲假，則執行另一些程式。如下圖所示：

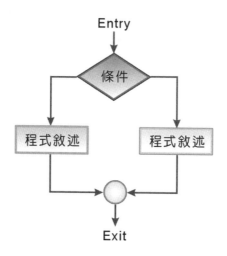

■ 重複結構

　　重複結構主要是迴圈控制的功能。迴圈（loop）會重複執行一個程式區塊的程式碼，直到符合特定的結束條件為止。程式語言中依照結束條件的位置不同分為兩種：

1. 前測試型迴圈：迴圈結束條件在程式區塊的前頭。符合條件者，才執行迴圈內的敘述，如下圖所示：

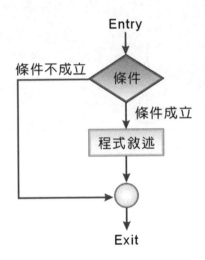

2. 後測試型迴圈：迴圈結束條件在程式區塊的結尾，所以至少會執行一次迴圈內的敘述，再測試條件是否成立，若成立則返回迴圈起點重複執行迴圈，如下圖所示：

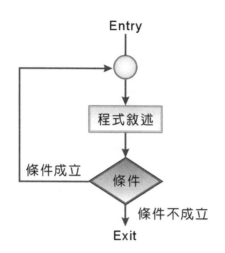

5-2 選擇結構

選擇結構必須配合邏輯判斷式來建立條件敘述，再依據不同的判斷的結果，選擇所應該進行的下一道程式指令，除了之前介紹過的條件運算子外，C++中提供了四種條件控制指令：if、if-else、if else if以及switch，透過這些指令可以讓各位在程式撰寫上有更豐富的邏輯性。

5-2-1 if條件指令

當if的判斷條件成立時（傳回1），程式將執行括號內的指令；否則測試條件不成立（傳回0）時，則不執行括號指令並結束if指令。如下圖所示：

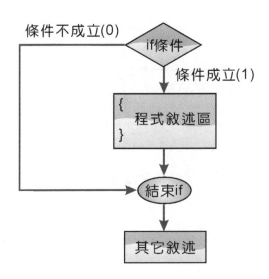

　　例如說各位要撰寫一段決定星期三穿藍色小花的衣服，而星期四穿白色T恤的程式，就需要用到C++中的if指令條件式來協助您達到目的。撰寫一段用來決定要穿什麼樣式衣服的程式時，在您腦中呈現要依據的分類條件是什麼？原來就是星期幾；如此一來我們以程式的語言來描述就成了：

```
01  if(wednesday)
02      cout <<穿藍色小花衣服<<endl；
03  if(thursday)
04      cout <<穿白色T恤<<endl；
```

　　基本上，if指令的語法格式如下所示：

```
if(條件運算子)
{
    程式指令;
}
```

　　如果{}區塊內的僅包含一個程式指令，則可省略括號{}，語法如下所示：

```
if(條件運算子)
    程式指令;
```

　　在if指令下執行多行程式的指令稱為複合陳述句，此時就必須依照前面介紹的語法以大括號｛｝將指令句包起來。但如果是單行程式指令時，就直接寫在if指令下面即可。接著我們就以下面的兩個例子來說明：

例子1：

```
01 //單行指令
02 if(test_score>=60)
03     cout<<"You Pass!"<<endl；
```

例子2：

```
01 //多行指令
02 if(test_score>=60){
03     cout<<"You Pass!"<<endl；
04     out<<"Your score is"<<test_score<<endl；
05 }
```

　　在上面第一個例子由於我們只要顯示"You Pass! "這單一行的指令，所以不需以大括號｛｝將程式碼包起來。但在第二個例子時，要顯示除了原來的那句之外，又加入一句顯示分數的指令，因此就要用大括號將程式碼包起來。

【程式範例】：if指令與判斷消費金額的應用範例：CH05_02.cpp

以下程式範例使用if條件指令簡單判斷消費金額是否滿1200元，如果沒有滿1200元，則加收一成服務費。

```
01 #include <iostream>
02
03
04 using namespace std;
05
06 int main()
07 {
08     float Money;    // 定義整數變數 Money
09     cout << "請輸入消費的金額:";
10     cin >> Money;
11     if (Money < 1200)  // if 條件敘述
12     Money*=1.1;// 消費未滿 1200，加收服務費1成
13     cout << "需繳付的實際金額是 " << Money << " 元";
14     cout << endl;   // 換行
15
16     return 0;
17 }
```

【執行結果】

請輸入消費的金額:258
需繳付的實際金額是 283.8 元

Process exited after 2.885 seconds with return value 0
請按任意鍵繼續 . . .

【程式解說】

　　第9行輸入消費的金額。第11～12行由於if條件指令只含括一行程式指令（Money*=1.1），可以將大括號省略。一旦消費金額不足1200時，就會執行第12行的加收服務費運算。

5-2-2 if-else條件指令

　　之前介紹的都是條件成立時才執行if指令下的程式，那如果說條件不成立時，也想讓程式有點事情做要怎麼辦呢？譬如說：今天不只是要對成績及格的學生告知他及格了；對於成績不及格的學生也想要告知他。

　　在這樣的情形下我們只要以他的分數是大於等於60分作為條件的依據，就可以在「如果」他的分數符合此條件時顯示及格，「否則」顯示不及格，而不需要為了顯示及格與否而多寫一個條件式做判斷。這時if-else條件指令就派上用場了。

　　if-else指令提供了兩種不同的選擇，當if的判斷條件（Condition）成立時（傳回1），將執行if程式指令區內的程式；否則執行else程式指令區內的程式後結束if指令。如下圖所示：

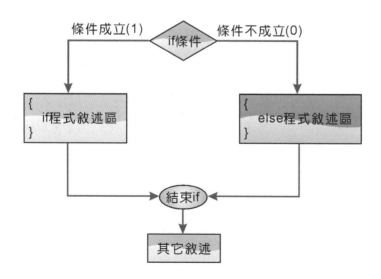

　　if-else指令的語法格式如下所示：

```
if (條件運算式)
{

        程式指令;

}
else
{

        程式指令;

}
```

　　當然，如果if-else{}區塊內僅包含一個程式指令，則可省略括號{}，語法如下所示：

```
if (條件運算式)
        程式指令;
else
        程式指令;
```

　　和if指令一樣，在else指令下所要被執行的程式可以是單行或是用大括號｛｝所包含的多行程式碼。就讓我們用個簡單的例子來說明if-esle指令的使用：

```
01 // 判斷使用者的輸入是奇數還是偶數
02 cout << "輸入整數：";
03 cin >> input;
04 remain = input % 2; //求取輸入整數除以2的餘數
05 if(remain == 1) //判斷餘數是否為1,如果等於1表示為奇數,否則為偶數
06       cout << input << "為奇數" << endl;
07 else
08       cout << input << "為偶數" << endl;
```

　　使用else指令也要注意縮排以及即使所執行的程式碼是單行，都請加上｛｝，不然很容易會發生以下的錯誤：

```
01 if(exam_done)
02 if(exam_score<60)
03 cout<< "再試一次"<<endl;
04 else
05 cout<< "成績及格"<<endl;
```

　　從上面的例子您可以一眼看出這裡的else是屬於哪個if指令的嗎？相信有點難，那如果我們改寫成如下呢：

```
01 if(exam_done){
02    if(exam_score<60){
03        cout<<"再試一次"<<endl;
04    }
05    else{
06        cout<<"成績及格"<<endl;
07    }
08 }
```

CHAPTER

5

是不是比較容易看出else是屬於哪一個if指令的了，所以這就是善用縮排及｛｝的好處。

【程式範例】：if-else條件判斷式的應用範例：CH05_03.cpp

```
01 #include <iostream>
02
03
04 using namespace std;
05
06 int main()
07 {
08      int Score;  // 定義整數變數 Score，儲存學生成績
09      cout << "輸入學生的分數:";
10      cin >> Score;
11      if ( Score >= 60 )     // if 條件敘述
12          cout << "得到 " << Score << " 分，還不錯唷...";
13      else
14          cout << "不太理想喔...，只考了 " << Score << " 分";
15      cout << endl;     // 換行
16
17      return 0;
18 }
```

【執行結果】

```
輸入學生的分數:98
得到 98 分，還不錯唷...

_____
Process exited after 3.1 seconds with return value 0
請按任意鍵繼續 . . . ■
```

【程式解說】

　　第8行定義整數變數Score，儲存學生成績。第11行藉由if…else條件指令的條件判斷式（Score >= 60），對於60分以上（條件成立）顯示鼓勵的訊息，其它低於60分（條件不成立）的成績則顯示不理想的訊息。

5-2-3 if else if條件指令

　　在之前我們使用了if和else指令來做判斷，當條件成立時執行if指令，反之則執行else指令。可是有時候您可能想要多做點不同但相關條件的判斷，然後根據判斷結果來執行程式。就拿前面所舉的考試成績例子來說：今天我想改寫這段程式，希望能夠給成績大於或等於90分的學生評為A等，而且也想要給其它分數的學生不同的評等，如：B、C或D。那麼程式就必須以分數是否大於等於80、70或60等等，給予評等，在這種情形下就可以利用if else if指令。

　　if else if指令的特色是加在if和else指令的中間來使用，並不能夠單獨存在於程式中，因為會導致程式的錯誤出現，而且else if條件判斷式沒有使用層數的限制，可依程式需求增加判斷式的數量。如果再考慮到可讀性，巢狀if-else也可以寫成以下的結構：

```
if (條件判斷式1)
{
        程式指令1；
              :
}
else if (條件判斷式2)
{
        程式指令2；
              :
}
```

```
else if (條件判斷式n)
{
        程式指令n；
            ：
}
else
{
        else 區程式指令；
            ：
}
```

【程式範例】：if-else if指令與點餐系統的應用範例：CH05_04.cpp

```cpp
01 #include <iostream>
02
03
04 using namespace std;
05
06 int main()
07 {
08     int Select;        // 定義整數變數 Select，儲存餐點項目
09     cout << "目前提供的選擇如下"<<endl;
10     cout << " 0.查詢其它相關的點心資料"<<endl;
11     cout << " 1.吉事漢堡" <<endl;
12     cout << " 2.咖哩珍豬飽" <<endl;
13     cout << " 3.六塊麥克雞"<<endl;
14     cout<<"請點選您要的項目:";
15     cin >> Select;        // 輸入餐點的項目
16     cout <<endl;
17     if ( Select == 0 ) // 選擇第0項?
18         cout << "請稍等... 正在查詢其它相關的點心資料";
```

```
19      else if ( Select == 1 )      // 是否選擇第1項?
20          cout << "這個項目的單價:"<< 45;
21      else if ( Select == 2 )      // 是否選擇第2項?
22          cout << "這個項目的單價:"<< 55;
23      else if ( Select == 3 )      // 是否選擇第3項?
24          cout << "這個項目的單價:"<< 65;
25      else            // 輸入錯誤的處理
26          cout << "您可能輸入錯誤.... 請重新輸入";
27      cout << endl;        // 換行*/
28
29      return 0;
30 }
```

【執行結果】

```
目前提供的選擇如下
 0.查詢其他相關的點心資料
 1.吉事漢堡
 2.咖哩珍豬飽
 3.六塊麥克雞
請點選您要的項目:3

這個項目的單價:65

------------------------------------
Process exited after 3.353 seconds with return value 0
請按任意鍵繼續 . . .
```

【程式解說】

　　第9～13行顯示可供選擇的相關訊息。第17～26行,整個if else if條件指令針對輸入的選項各別顯示相關訊息,其它沒有指定的選項,則一律由else區的程式指令處理。在這樣的架構下，如果要增加可選擇的項目時，只需要再增加一組else-if條件判斷式，即可達到擴充的目的。

5-2-4 switch選擇指令

　　if else if條件指令雖然可以達成多選一的結構，可是當條件判斷式增多時，使用上就不如switch條件指令的簡潔易懂，尤其過多的else-if常會造成程式維護的困擾。因此，C++語言中提供了switch指令，讓程式更加簡潔易懂。底下先以流程圖來表示switch指令的執行方式：

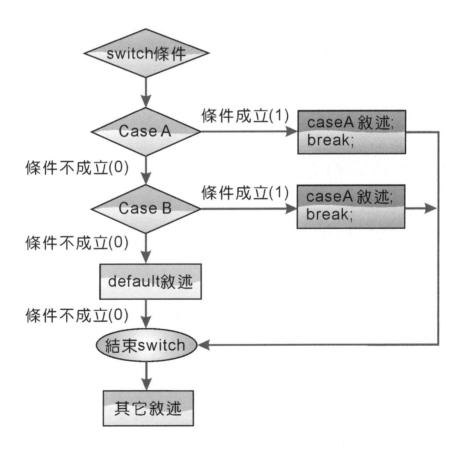

　　switch條件指令的使用格式如下：

```
switch (條件判斷式)
{
case 判斷值1：
          程式指令1；
              :
          break;
case判斷值2：
          程式指令2；
              :
          break;
  :
case判斷值n：
          程式指令n；
              :
          break;
  :
default：
          default 區程式指令：
              :
}
```

　　首先來看看switch的括號（），當中置放是要與在大括號｛｝裡的case標籤內所定義之值做比對的變數，取出變數中的數值之後，程式開始與先前定義在case之內的數字或字元做比對，如果符合就執行該case下的程式碼，直到遇到break之後離開switch指令區塊，如果沒有符合的數值或字元，程式會跑去執行default下的程式碼。至於switch指令的執行過程重點可以整理如下：

> 1. 先求出運算式的值，再將此值與case的判斷值進行比對，而switch判斷值必須是整數或字元。
> 2. 若找到相同的值則執行case內的程式指令，執行完任何case區塊後，並不會離開switch區塊，而是往下繼續執行其它的case指令與default指令。所以case指令的最後必須加上break指令來結束switch指令。
> 3. 如果找不到吻合的判斷值，則會執行default指令，如果沒有default指令則結束switch指令。

【程式範例】：switch 指令與計算機的應用範例：CH05_05.cpp

　　接下來的範例是利用switch指令來完成簡單的計算機功能，只要由使用者輸入兩個數字，再鍵入+,-,*,/任一鍵就可以進行運算。

```
01 //簡易的計算機
02 #include <iostream>
03
04
05 using namespace std;
06
07 int main()
08 {
09      float a,b;
10      char op_key;
11      cout<<"請輸入兩個數字(以空白鍵區隔):";
12      cin>>a>>b;
13      cout<<"請輸入+,-,*,/鍵：";
14      cin>>op_key;   //輸入字元並存入變數op_key
15
16      switch(op_key)
17      {
```

```
18      case '+':    //如果op_key等於'+'
19          cout<<endl<<a<<" "<<op_key<<" "<<b<<"="<<a+b;
20          break;    //跳出switch
21      case '-': //如果op_key等於'-'
22          cout<<endl<<a<<" "<<op_key<<" "<<b<<"="<<a-b;
23          break;  //跳出switch
24      case '*': //如果op_key等於'*'
25          cout<<endl<<a<<" "<<op_key<<" "<<b<<"="<<a*b;
26          break;        //跳出switch
27      case '/':    //如果op_key等於'/'
28          cout<<endl<<a<<" "<<op_key<<" "<<b<<"="<<a/b;
29          break;            //跳出switch
30      default:      //如果op_key不等於 + - * / 任何一個
31          cout<<"運算式有誤\n";
32      }
33
34      return 0;
35 }
```

CHAPTER

5

【執行結果】

```
請輸入兩個數字(以空白鍵區隔):90 76
請輸入+,-,*,/鍵：-

90 - 76=14
------------------------------------
Process exited after 11.46 seconds with return value 0
請按任意鍵繼續 . . .
```

【程式解說】

在此程式的執行結果中可以發現，執行過第18行「case '+'：」後面的cout指令之後，break指令便立刻跳出switch指令。如果沒有加上break指令的話，程式將繼續往下執行。

5-3 重複式結構

在C++語言中，「重複結構」即所謂的迴圈（Loop）。對於程式中需要重複執行的程式指令，都可以交由迴圈來完成。迴圈主要由底下的兩個基本元素組成：

1.迴圈的執行主體，由程式指令或複合指令組成。

2.迴圈的條件判斷，決定迴圈何時停止執行。

重複結構就是一種繞圈圈的概念

C++中提供了for、while以及do-while三種重複結構，底下將詳細分析三種指令間的差異。

5-3-1 for迴圈

　　for迴圈必須事先指定迴圈控制變數的起始值、條件以及控制變數的增減值，以決定迴圈重複的次數。下圖是for迴圈的執行流程：

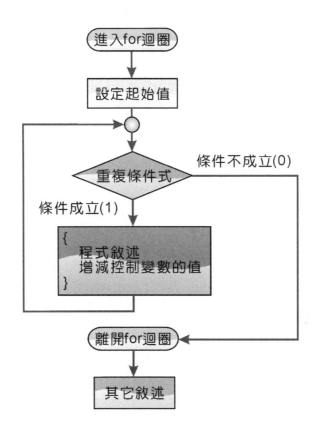

　　底下為for迴圈的格式：

```
for(控制變數起始值; 迴圈重複條件式; 控制變數增減值)
{
    程式指令;
}
```

以下讓我們用個例子說明如何撰寫for迴圈及執行方式：

```
for(int i = 1; i < 3; i++)
cout << "迴圈執行的第" << i<<"次"<<endl;
```

　　上面每執行完一次cout這一段指令後，i的值就利用++遞增運算子讓i值由1更改爲2，重複三次後，i的值將被更改爲4，在第四次欲進入迴圈時由於計次變數大於i值的上限無法進入而結束迴圈執行。

　　for迴圈中的三個運算式必須以分號（；）分開，而且一定要設定跳離迴圈的條件以及控制變數的遞增或遞減值。for迴圈中的三個運算式相當具有彈性，可以省略不需要的運算式，也可以擁有一個以上的運算子句。如以下是使用for迴圈來計算1加到10的程式片段：

```
int i=1,sum=0;                  //宣告i初值
for (; i<=10 ; i++)             //省略變數起始值的設定，分號不可省略
{
    sum+=i;                     //迴圈指令
    cout<<"sum="<<sum;<<endl;
}
```

　　現在各位已了解到經由使用控制變數來讓for迴圈重複執行特定的次數，直到結束的條件成立時，程式就會終止。

　　有時候由於程式的錯誤可能會發生迴圈，無法到達它的結束條件因而永無止盡地被執行，這種不會結束的迴圈稱爲「無窮迴圈」。但有時候因應程式的需要我們必須要撰寫無窮迴圈，在for迴圈中想要撰寫無窮迴圈只需將條件拿掉即可，省略運算式後，分號「；」必須保留，否則會造成編譯上的錯誤。其格式如下：

```
for (;;)
{
      :
     程式指令;

}
```

例如我們知道階乘函數是數學上很有名的函數，所謂n！（n factorial）就是n與1之間所有正整數的乘積。其中5!=5×4×3×2×1，3!=3×2×1，0!則定義為1。其中：

$$n!=n×(n-1)×(n-2)……×1$$

【程式範例】：for迴圈來計算10!的範例：CH05_06.cpp

我們一般以符號"！"來代表階乘。如4階乘可寫為4!。以下是使用for迴圈來計算10!的範例。

```
01 //計算10! 的值
02 #include <iostream>
03
04 using namespace std;
05
06 int main()
07 {
08      int i,sum=1;
09      for (i=1;i<=10;i++)  //定義for迴圈
10      {
11        sum*=i;    //sum=sum+i
12      }
```

```
13      cout<<"i="<<i-1<<"! sum="<<sum<<endl;   //印出i和sum的值
14
15      return 0;
16 }
```

【執行結果】

```
i=10! sum=3628800

---------------------------------
Process exited after 0.2488 seconds with return value 0
請按任意鍵繼續 . . .
```

【程式解說】

在第9行中for指令中我們先設定了變數i的起始值為1，迴圈重複條件為i小於等於10，i的遞增值為1，所以當i大於10時，就會離開for迴圈。

接下來還要介紹一種for的巢狀迴圈（Nested Loop）。在巢狀for迴圈結構中，執行流程必須先等內層迴圈執行完畢，才會繼續執行外層迴圈。兩層式的巢狀for迴圈結構格式如下：

```
for(控制變數起始值1; 迴圈重複條件式; 控制變數增減值)
{
        程式指令;

        for(控制變數起始值2; 迴圈重複條件式; 控制變數增減值)
        {
                程式指令;
        }
}
```

【程式範例】：巢狀for 條件指令與n!的應用範例：CH05_07.cpp

```
01 //以巢狀for迴圈計算
02 #include<iostream>
03
04
05 using namespace std;
06
07 int main()
08 {
09      int i,j,sum = 1;
10      for(i=0;i<=10;i++)          //階層
11      {
12          for(j=i;j>0;j--) //n!=n*(n-1)*(n-2)*...*1
13              sum *= j;  //sum=sum*j
14          cout<<i<<"!="<<sum<<endl;
15          sum = 1;
16      }
17
18      return 0;
19 }
```

【執行結果】

```
0!=1
1!=1
2!=2
3!=6
4!=24
5!=120
6!=720
7!=5040
8!=40320
9!=362880
10!=3628800

----------------------------------
Process exited after 0.3403 seconds with return value 0
請按任意鍵繼續 . . .
```

【程式解說】

　　本程式是利用巢狀迴圈（Nested loop）來列印n!及其值。第10行外層for迴圈控制i輸出，而第12行則利用內層for迴圈控制sum輸出。請注意！for迴圈雖然具有很大的彈性，使用時務必要設定跳離迴圈的條件，否則程式將會陷入無窮迴圈。

5-3-2 while迴圈指令

　　while結構與for結構類似，都是屬於前測試型迴圈；也就是先測試條件式是否成立，如果成立時才會執行迴圈內的指令。最大的不同是在於for迴圈需要給它一個特定的次數；而while迴圈則不需要，它只要在判斷的條件為true的情況下就能一直執行。下圖為while指令執行的流程：

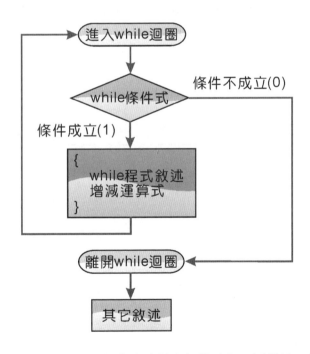

　　迴圈內的指令可以是一個指令或是多個陳述句。同樣地，如果有多個陳述句在迴圈中執行，可以使用大括號括住。while指令的語法大致如下：

```
while(重複條件式)
{

        程式指令;

}
```

　　當程式遇到while迴圈時，它會先判斷條件式中的條件，如果條件成立那麼程式就會執行while迴圈下的指令一次，完成後，while迴圈會再次判斷條件，如果還成立那麼就繼續執行迴圈，當條件不成立時迴圈就中止。要特別注意的是，while迴圈必須自行加入起始值以及遞增或遞減運算式，否則條件式永遠成立時，將造成無窮迴圈。

　　以下程式範例是以while迴圈來計算當某數1000依次減去1,2,3⋯⋯直到哪一數時，相減的結果為負。

【程式範例】：while條件指令的說明與應用範例：CH05_08.cpp

```
01 #include <iostream>
02
03
04 using namespace std;
05
06 int main()
07 {
08      int x=1, sum=1000;
09      while(sum>0) //while迴圈
10      {
11        sum-=x;
12        x++;
13      }
```

```
14      cout<<x-1<<endl;
15
16      return 0;
17  }
```

【執行結果】

```
45

--------------------------------
Process exited after 0.2231 seconds with return value 0
請按任意鍵繼續 . . .
```

【程式解說】

　　第9行定義while迴圈的成立條件為只要sum>0，sum就依次減去x的值。但相對的x每進迴圈一次就累加一次，最後迴圈條件不成立時，顯示最後的x值為多少。

5-3-3 do-while迴圈

　　假如您想讓迴圈中的程式碼至少執行一次，那麼while迴圈指令除了讓條件成立，不然無法讓迴圈內的程式區塊被執行，但是如果您是使用do-while 指令就可以辦到了。它很類似while指令，當條件為true時都會去執行迴圈內的區塊程式，但是do-while迴圈的一個特性就是先去執行迴圈內的程式再去判斷條件式，而前面所介紹的for迴圈和while迴圈都是先去判斷條件式。

　　簡單來說，兩者最大的不同在於do-while指令是屬於後測試型迴圈，也就是說do-while指令會先執行迴圈內的程式指令，再測試條件式是否成立，如果成立的話再返回迴圈起點重複執行指令。因此，do-while迴圈內的程式指令至少會被執行一次。下圖為do-while指令執行的流程：

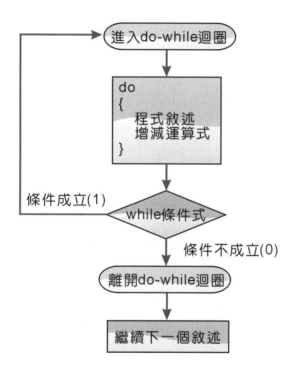

　　do while指令的語法大致如下：

```
do
{
      :
    程式指令;
}while (條件判斷); //記得加上; 號
```

【程式範例】：do-while與判斷奇偶數的說明與應用範例：CH05_09.cpp

以下程式範例是利用do-while迴圈來決定是否繼續執行，並判斷輸入值除以2的結果，如果有餘數者就是奇數，反之則為偶數。

```cpp
01 #include <iostream>
02
03
04 using namespace std;
05
06 int main()
07 {
08      int input = 0;
09      bool replay = false;
10      do{
11          cout << "輸入整數值：";
12          cin >> input;
13          cout << "輸入數為奇數？" << ((input % 2) ? 'Y': 'N') <<endl;
14          cout << "繼續(1:繼續 0:結束)？";
15          cin >> replay;
16      } while(replay);        //do while迴圈
17
18      return 0;
19 }
```

【執行結果】

```
輸入整數值：8
輸入數為奇數？N
繼續(1:繼續 0:結束)？1
輸入整數值：9
輸入數為奇數？Y
繼續(1:繼續 0:結束)？0
----------------------------------
Process exited after 11.58 seconds with return value 0
請按任意鍵繼續 . . .
```

【程式解說】

　　第10～16行為開始定義do區段要做的事；例如請使用者輸入數值，並且在第13行用前面介紹的三元運算式判斷輸入值。

5-4 迴圈控制指令

　　事實上，迴圈並非一成不變的重複執行。可藉由迴圈控制指令，更有效的運用迴圈功能，例如必須中斷，讓迴圈提前結束，這時可以使用break或continue指令，底下就來介紹這兩種流程控制的指令。

5-4-1 break指令

　　break指令可以用來跳離迴圈的執行，在for、while與do-while中，主要用於中斷目前的迴圈執行，如果break出現並不是內含在for、while迴圈中或switch指令中，則會發生編譯錯誤。

```
break;
```

　　break指令通常會與if條件指令連用，設定在某些條件一旦成立時，即跳離迴圈的執行。由於break指令只能跳離本身所在的一層迴圈，如果遇到巢狀迴圈包圍時，就要逐層加上break指令。

　　在以下範例程式中我們先設定要存放累加的總數sum為0，再將每執行完一次迴圈後將i變數（i的初值為1）累加2，執行1+3+5+7+……99的和。直到i等於101後，就利用break的特性來強制中斷while迴圈。

【程式範例】：break指令的說明與使用範例：CH05_10.cpp

```
01  // break練習
02  #include <iostream>
03
04
05  using namespace std;
06
07  int main()
08  {
09      int sum=0;
10      for(int i=1; i<=200; i=i+2){
11          if(i==101)
12              break;//跳出迴圈
13              sum+=i;
14          }
15      cout<<"1~99的奇數總和:"<<sum<<endl;
16
17      return 0;
18  }
```

【執行結果】

```
1~99的奇數總和:2500

--------------------------------
Process exited after 0.3592 seconds with return value 0
請按任意鍵繼續 . . .
```

【程式解說】

第10～14執行for迴圈，當i=101時，則執行break指令跳出迴圈。

5-4-2 continue指令

相較於break指令跳出迴圈，continue指令則是指繼續下一次迴圈的運作。也就是說，如果想要終止的不是整個迴圈，而是想要在某個特定的條件下時，才中止某次的迴圈執行就可使用continue指令。continue指令只會直接略過底下尚未執行的程式碼，並跳至迴圈區塊的開頭繼續下一個迴圈，而不會離開迴圈 。語法格式如下：

```
continue;
```

讓我們用下面的例子說明：

```
01 int a;
02     for (a = 0 ; a <= 9 ; a++) {
03         if (a == 3) {
04             continue;
05         }
06     cout<<a<<endl;
07 }
```

在例子中我們利用for迴圈來累加a的值，直到a等於3的這個條件出現，因為在此條件下我們用continue指令來讓顯示a的執行被跳過去，並回到迴圈開頭，繼續進行累加a及顯示出a值的程式，故在顯示出來的數值中不會有3。

以下程式範例使用for迴圈逐一檢查學生成績，成績及格則使用continue指令繼續比對下一位學生的成績。

【程式範例】：continue 指令的說明與應用範例：CH05_11.cpp

```
01 //break練習
02 #include <iostream>
03
04 using namespace std;
05
06 int main()
07 {
08      //定義一個整數陣列，存放學生成績。
09      int Student_Score[10]={ 58, 61, 77, 89, 48, 67, 92, 44, 47, 56};
10
11      for (int count=0; count < 10; count++) // for 迴圈
12      {
13          if(Student_Score[count] >= 60) // 判斷成績是否及格
14              continue; // continue 指令
15          cout << count+1 << "號學生的分數不及格!" << "分數:"
   << Student_Score[count];
16          cout << endl;              // 換行
17      }
18
19      return 0;
20 }
```

【執行結果】

```
1號學生的分數不及格!分數:58
5號學生的分數不及格!分數:48
8號學生的分數不及格!分數:44
9號學生的分數不及格!分數:47
10號學生的分數不及格!分數:56

-----------------------------------
Process exited after 0.4362 seconds with return value 0
請按任意鍵繼續 . . .
```

【程式解說】

　　第9行定義一個整數陣列，存放學生成績。第11行使用for迴圈讀取學生成績。第13行一旦判斷分數及格（>=60），則使用continue指令，進行下一個學生分數的比較。第15行當分數低於60分時，則印出學生的學號和成績。

5-5 上機程式測驗

1. 所謂質數是一種大於1的數，除了自身之外，無法被其它整數整除的數，例如：2, 3, 5, 7, 11, 13, 17, 19, 23,……。請設計一個C++程式來求解輸入N是否為質數。

　　解答：CH05_12.cpp

2. 請設計一個C++程式，利用if else if條件指令來執行閏年計算規則，以讓使用者輸入西元年分來判斷是否為閏年，閏年計算的規則是「四年一閏，百年不閏，四百年一閏」。

　　解答：CH05_13.cpp

3. 請利用輾轉相除法與while迴圈來設計一C++程式，來求取輸入兩數的最大公因數（g.c.d）。

　　解答：CH05_14.cpp

4. 請設計一程式，以while迴圈來計算當某數1000依次減去1, 2, 3……直到哪一數時，相減的結果為負。

　　解答：CH05_15.cpp

5. 請設計一程式，組合for指令與break指令的設計，並且提供使用者輸入三次密碼的機會，並檢查密碼是否正確。當輸入密碼正確，則顯示歡迎的訊息。正確密碼為4321，若密碼錯誤達三次，則顯示無法登入訊息。

　　解答：CH05_16.cpp

6. 請設計一程式，利用continue指令來求數值1～70之間，5的倍數與7的倍數值，但不包含兩者的公倍數。

解答：CH05_17.cpp

本章課後評量

1.請問以下程式碼何處有錯？試說明之。

```
for (int i = 2; j = 1;  j < 10;  (i==9)?(i=(++j/j)+1):(i++))
```

2.何謂「無窮迴圈」？試舉例說明。

3.試指令break指令與continue指令的差異。

4.請問下列程式碼中，每次所輸入的密碼都不等於101101，且使用前置性遞增運算子++count，當迴圈結束後，count的值為何？

```
int count,check;
for (count=0; count < 5; ++count)
{
    cout << "請輸入密碼:";
    cin >> check;

    if ( check == 101101 )
        break;
    else
        cout << "請重新輸入..." << endl;
}
```

5.試比較底下兩段迴圈程式碼的執行結果：

```
for(int i=0;i<10;i++)            for(int i=0;i<10;i++)
{                               {
    cout << i;                      cout << i;
```

```
    if(i==5)                          if(i==5)
        break;                            continue;
}                             }
```

6. 以下三個小題中的for迴圈是否爲合法的指令？請一一陳述原因。

(a)

```
int i=1,sum=0;
for (; i<=10 ; i++)
{
    sum+=i;                        //迴圈敘述
    cout<<i<<" "<<sum<<endl;
}
```

(b)

```
int i=1, sum=0;
for (i=1 ; i<=10 ; sum+=i++);
    cout<<i<<" "<<sum<<endl;
```

(c)

```
int i, sum;
for (i=1, sum=1 ; i<=10 ; i++, sum+=i)        //定義for迴圈
    cout<<i<<" "<<sum<<endl;;        //印出i和sum的值
```

7. 下面這個程式碼片段有何錯誤？

```
01 switch ch
02 {
03      case '+':
04           cout<<"a + b = "<< a + b)<<endl;
05      case '-':
```

```
06          cout<<"a - b = "<<a – b<<endl;
07      case '*':
08          cout<<"a * b = "<<a * b<<endl;09          case '/':
10          cout<<"a / b = "<<a / b<<endl;
11 }
```

第六章

陣列與字串

　　陣列（array）是屬於C++語言中的一種延伸資料型態，各位可以把陣列看作是一群具有相同名稱與資料型態的集合，並且在記憶體中占有一塊連續記憶體空間。在程式撰寫時，只要使用單一陣列名稱配合索引值（index），處理一群相同型態的資料。這個觀念有點像學校的私物櫃，一排外表大小相同的櫃子，區隔的方法是每個櫃子有不同的號碼。

　　在前面的章節，我們已經簡單介紹了字元型態，本章中將先介紹陣列的定義與相關使用方法，再說明如何使用陣列處理字元與字串的應用。

6-1 陣列簡介

在C++語言中，一個陣列元素可以表示成一個「索引」和「陣列名稱」。在程式撰寫時，只要使用單一陣列名稱配合索引值（index），處理一群相同型態的資料。通常陣列的使用可以分爲一維陣列、二維陣列與多維陣列等等，基本的運作原理都相同。

6-1-1 一維陣列

一維陣列（one-dimensional array）是最基本的陣列結構，只利用到一個索引值，就可存放多個相同型態的資料。陣列也和一般變數一樣，必須事先宣告，編譯時才能分配到連續的記憶區塊。在C++中，一維陣列的語法宣告如下：

資料型態 陣列名稱[陣列長度];

當然也可以在宣告時，直接設定初始值：

資料型態 陣列名稱[陣列長度]={初始值1,初始值2,…};

■ **資料型態**：表示該陣列存放的資料型態。

■ **陣列名稱**：命名規則與一般變數相同。

■ **元素個數**：表示陣列可存放的資料個數，爲一個正整數常數。若是只有中括號，即沒有指定常數值，則表示是定義不定長度的陣列（陣列的長度會由設定初始值的個數決定）。例如底下定義的陣列Temp，其元素個數會自動設定成3：

```
int Temp[]={1, 2, 3};
```

例如在下圖中的Array_Name一維陣列，代表擁有5筆相同資料的陣列。藉由名稱Array_Name與索引值，即可方便的存取這5筆資料。如下所示：

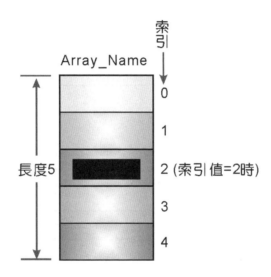

至於在設定陣列初始值時，如果設定的初始值個數少於陣列定義時的元素個數，則其餘的元素將被自動設定為0。例如：

```
int Score[5]={68, 84, 97};
```

以下的方式則會將陣列中所有元素都設定為同一個數值。例如：

```
int item[5]={0}; // item陣列中所有元素初值皆為0
```

以下舉出C++中幾個一維陣列的宣告實例：

```
int a[5];//宣告一個int型態的陣列a，陣列a中可以存放5筆資料
long b[3];//宣告一個long型態的陣列b，b可以存放3筆資料
float c[10];//宣告一個float型態的陣列c，c可以存放10筆資料
```

基本上，對於定義好的陣列，可以藉由索引值的指定來存取陣列中的資料。例如在C++語言中定義如下的陣列：

```
int Score[5];
```

如果這樣的陣列代表5筆學生成績，而在程式中需要印出第三個學生的成績，可以如下表示：

```
cout<<"第3個學生的成績:"<<Score[2];
```

讀者可能覺得奇怪，印出第三個學生的成績怎麼會使用Score[2]呢？這是因為在C++中，陣列的索引值是從0開始。

【程式範例】：一維陣列的宣告應用範例：CH06_01.cpp
　　以下程式範例，使用一維陣列記錄五位學生的分數，並使用for迴圈來列印出每筆學生成績及計算分數總和。

```
01 #include <iostream>
02
03 using namespace std;
04
```

```
05 int main()
06 {
07      int Score[5]={ 87,66,90,65,70 };
08      //定義整數陣列 Score[5],並設定5筆成績
09      int count, Total_Score=0;
10      for (count=0; count < 5; count++)   //執行 for 迴圈讀取學生成績
11      {
12              cout<<"第"<<count+1<<"位學生的分數:"<<Score[count]<<endl;
13              Total_Score+=Score[count]; //由陣列中讀取分數計算總合
14      }
15      cout<<"------------------------"<<endl;
16      cout<<"5位學生的總分:"<<Total_Score<<endl; //輸出成績總分
17
18      return 0;
19 }
```

【執行結果】

```
第1位學生的分數:87
第2位學生的分數:66
第3位學生的分數:90
第4位學生的分數:65
第5位學生的分數:70
------------------------
5位學生的總分:378

------------------------------
Process exited after 0.338 seconds with return value 0
請按任意鍵繼續 . . . ■
```

【程式解說】

　　第7行宣告整數陣列時，直接設定學生成績初始值。第10行中透過for迴圈，設定count變數從0開始計算，並當作陣列的索引值，把使用者輸入的資料寫入陣列中。第13行則使用整數變數Total_Score累計總分。

6-1-2 二維陣列

　　二維陣列（Two-dimensional Array）可視為一維陣列的延伸，只不過需將二維轉換為一維陣列。例如一個含有m*n個元素的二維陣列A，m代表列數，n代表行數，各個元素在直觀平面上的排列方式如下：

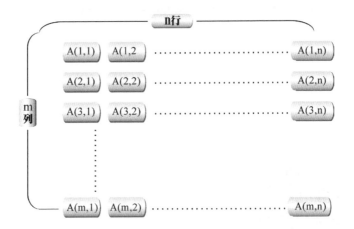

　　二維陣列的宣告語法格式如下：

資料型態　陣列名稱 [m] [n]；

　　例如宣告陣列A的列數是2，行數是3，所有元素個數為6。格式如下所示：

```
int A [2] [3]；
```

那麼這個陣列會有2列3行的元素，也就是每列有三個元素，也就是陣列元素分別是A[0][0],A [0][1],A[0][2],…,A[1][2]。陣列中元素的分布圖說明如下：

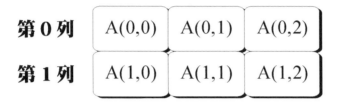

請注意！在存取二維陣列中的資料時，使用的索引值（index）仍然是由0開始計算。至於在二維陣列設初始值時，為了方便區隔行與列，所以除了最外層的{}外，最好以{}括住每一列的元素初始值，並以「，」區隔每個陣列元素，例如：

```
int A[2][3]={{1,2,3},{2,3,4}}；
```

還有一點要特別說明，C++對於多維陣列註標的設定，只允許第一維可以省略不用定義，其它維數的註標都必須清楚定義長度。

例如下列都是合法的宣告：

```
int a[2][3] = {{1,2,3},
               {4,5,6}};
char b[ ][2] = {{'a','b'},   //不指定第一維元素個數的宣告方法
               {'c','d'},
```

```
           {'e','f'}};
long c[2][2] = {0};       //將各個元素的初值都設為0
double d[3][3] = {{0.5,2.7},
             {3.1,2.5,6.9},
             {1.5}};
int  A[2][ ]={{1,2,3},{2,3,4}} ; // 不合法的宣告
```

此外，在二維陣列中，以大括號所包圍的部分表示為同一列的初值設定。因此與一維陣列相同，若是指定初始值的個數少於陣列元素，則其餘未指定的元素將自動設定為0。例如底下的情形：

```
int A[2][5]={  {77, 85, 73}, {68, 89, 79, 94}  };
```

由於陣列中的 A[0][3]、A[0][4]、A[1][5]都未指定初始值，所以初始值都會指定為0，等於如下所示：

```
int  A[2][5]={  {77, 85, 73, 0, 0 }, {68, 89, 79, 94, 0}  };
```

【程式範例】：二維陣列的宣告與應用範例：CH06_02.cpp

```cpp
01 #include <iostream>
02
03 using namespace std;
04
05 int main()
06 {
07     int i;
08     int Tel_fee[3][2]={ 2227317,1430,2253227,2850,2232081,4580 };
```

```
09
10      cout<<"-------- 電話號碼與費用明細表 -------- "<<endl;
11      for(i=0;i<3;i++)
12      {
13          cout<<Tel_fee[i][0]<<'\t'<<Tel_fee[i][1]<<endl;
14          cout<<"---------------------------------"<<endl;
15      }
16      //輸出電話號瑪與費用
17
18      return 0;
19  }
```

CHAPTER

6

【執行結果】

```
--------  電話號碼與費用明細表 --------
2227317 1430
---------------------------------
2253227 2850
---------------------------------
2232081 4580
---------------------------------

---------------------------------
Process exited after 0.283 seconds with return value 0
請按任意鍵繼續 . . .
```

【程式解說】

第8行在宣告二維陣列Tel_fee時，同步設定起始值。第14行輸出每筆電話號碼與費用。

6-1-3 多維陣列

最後再來討論多維陣列的宣告與使用。其實在C++中，凡是二維以上的陣列都可以稱作多維陣列，想要提高陣列的維度，只要在宣告陣列時，增加中括號與索引值即可。定義方式如下所示：

資料型態 陣列名稱[元素個數] [元素個數] [元素個數]…… [元素個數];

以下舉出C++中幾個多維陣列的宣告實例：

```
int Three_dim[2][3][4];   /* 三維陣列 */
int Four_dim[2][3][4][5]; /* 四維陣列 */
```

現在讓我們來針對三維陣列（Three-dimensional Array）做較為詳細的說明。基本上三維陣列的表示法和二維陣列一樣皆可視為是一維陣列的延伸，請看下圖：

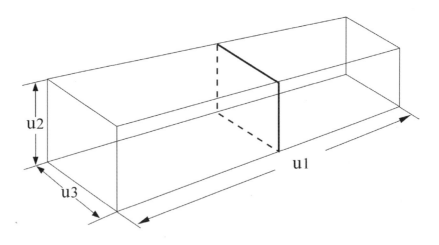

例如：宣告一個int型態的三維陣列A。

```
int A[2][2][2]={{{1,2},{5,6}},{{3,4},{7,8} }};
```

上列程式中的陣列A是一個三維的陣列，它的三個維數的元素個數都
是2，因此陣列A共有8（亦即2×2×2）個元素。可以使用立體圖形表示
如下：

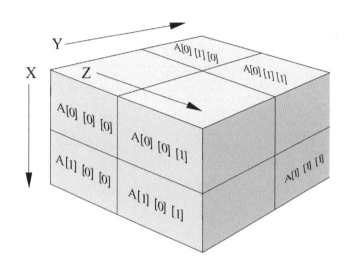

【程式範例】：三維陣列的宣告與應用範例：CH06_03.cpp

```
01  #include <iostream>
02
03  using namespace std;
04
05  int main()
06  {
07
08      int A[2][2][2]={{{1,2},{5,6}},{{3,4},{7,8}}};
09
10      int i,j,k;
```

```
11
12    for(i=0;i<2;i++)                    //外層迴圈
13        for(j=0;j<2;j++)                // 中層迴圈
14            for(k=0;k<2;k++)            // 內層迴圈
15                cout<<"A["<<i<<"]["<<j<<"]["<<k<<"]="<<A[i][j][k]<<endl;
16                //列出三維陣列中的元素
17
18    return 0;
19 }
```

【執行結果】

```
A[0][0][0]=1
A[0][0][1]=2
A[0][1][0]=5
A[0][1][1]=6
A[1][0][0]=3
A[1][0][1]=4
A[1][1][0]=7
A[1][1][1]=8

--------------------------------
Process exited after 0.3847 seconds with return value 0
請按任意鍵繼續 . . .
```

【程式解說】

　　在第8行中，宣告了一個2×2×2的三維陣列，各位可以將其簡化爲二個2×2的二維陣列，並同時設定初始值。由於A是三維陣列，所以能夠利用第12～15行三層巢狀迴圈將元素值讀出。

6-2 認識字串

　　字串的用途相當的廣泛，它可以比數值性的資料表達出更多的訊息，例如一個人的名字、一首歌的句子甚至一整個段落的文字。「字串」這兩個字從字面上的意思來看，可以解釋成「把字一個一個給串起來」，事實上，C++程式語言對於字串的做法就像上面所說的，我們稱之為「字元字串」，也就是說，如果要在C++程式中儲存字串，必須使用字元（char）資料型態的陣列模式來表示。

6-2-1 字串的應用

　　例如'a'是一個字元常數，是以單引號（ ' ）包括起來，而"a"則是一個字串常數，是以雙引號（ " ）包括起來。兩者的差別在於字串的結束處會多安排一個位元組的空間來存放'\0'字元（NULL字元，ASCII碼為0），作為字串結束時的符號。在C++中字串宣告方式有兩種：

> 方式1：char 字串變數[字串長度]="初始字串";
> 方式2：char 字串變數[字串長度]={'字元1', '字元2', ... ,'字元n', '\0'};

　　在C++程式中，也可以在宣告字元陣列並且設定初值時，省略數量的值，讓編譯器自動分配數量。例如下列指令：

> char arr2[]={"tomguns"};

　　另外宣告的陳述式也可以撰寫成如下列所示：

> char arr2[]={'t', 'o', 'm', 'g', 'u', 'n', 's', '\0'}

　　例如以下四種宣告方式：

```
char Str_1[6]="Hello";
char Str_2[6]={ 'H', 'e', 'l', 'l', 'o' , '\0'};
char Str_3[ ]="Hello";
char Str_4[ ]={ 'H', 'e', 'l', 'l', 'o', '!' };
```

　　當使用者輸入一連串的字元資料後，也可以使用字元陣列將資料儲存起來。在資料輸入時，也不需要再特別指定字元陣列的索引，只要指定字元陣列的名稱即可。使用格式如下：

```
char arr2[10];
cin >> arr2;
```

　　如此cin指令會將使用者所輸入的字元資料，一個一個的存入字元陣列的索引中。此外，由於字串不是C++的基本資料型態，所以無法利用陣列名稱直接指定給另一個字串，如果需要指定字串，必須從字元陣列中一個一個取出元素內容做複製。例如以下為不合法的指定方式：

```
char Str_1[]="changeable";
char Str_2[20];
……
Str_2=Str_1; /* 不合法的語法 */
```

　　接下來我們還要補充一點，對英語系的國家而言，由於其採用的英文字母與常用符號，使用ASCII的編碼表就可以全部定義。所以，只要一個位元組就可以表示所有的字集。

　　相較於中文語系，由於字數繁多，一個位元組無法定義全部的中文字，因此必須使用二個位元組編碼。那麼，中文字元在C++語言中，到底是字元還是字串？由於C++語言的字元（char）資料型態，使用一個位元組儲存字元。若使用字元的資料型態指定一個中文字，如下：

char Me='我';

　　在編譯時，將會產生警告（warning）。因為中文字使用二個位元組來定義，使用以上的指定敘述，已經超出C++語言的字元（char）資料型態所能儲存的範圍。所以，在C++語言中，中文字元是由二個位元組組成，並以字串的方式來處理。以上面指定中文字元的敘述而言，應該改成如下形式：

char Me[ ]="我";

　　以下程式是介紹一個計算使用者輸入字串，並計算此字串長度的範例。

【程式範例】：字串的宣告與輸出範例：CH06_04.cpp

```
01  #include <iostream>
02
03  using namespace std;
04
05  int main()
06  {
07      char arr2[50];
08      int sum=0;
09      cout << "請輸入字串：";
```

```
10      cin >> arr2; //取得使用者輸入的字串並存入字元陣列arr2中
11      for (int i=0;i<50;i++)
12      {
13          if (arr2[i]!='\0') //逐一判斷使用者所輸入字串的各個字元
14          {           //如果不是字串結束符號「\0」
15              sum++;   //sum的值就遞增
16          }else          //而如果是字串結束符號
17          {               //就中斷迴圈
18              break;
19          }
20      }
21      cout << "您輸入的字串共有 " << sum << " 個字元\n"; //顯示計算結果
22
23      return 0;
24  }
```

【執行結果】

```
請輸入字串：celebration
您輸入的字串共有 11 個字元

---------------------------------
Process exited after 24.16 seconds with return value 0
請按任意鍵繼續 . . .
```

【程式解說】

第9～10行讓使用者輸入字元。第13～19行判斷字元陣列arr2的索引是否不等於「\0」，當條件成立時，則將變數sum累加1，反之則離開迴圈。第21行顯示變數sum的值。

6-2-2 字串陣列

　　字串是以一維的字元陣列來儲存，當有許多關係相近的字串集合時，就稱為字串陣列，並可以使用二維字元陣列來表達。字串陣列使用時也必須事先宣告，字串陣列宣告方式如下：

```
char 字串陣列名稱[字串數][字元數]；
```

　　上式中字串數是表示字串的個數，而字元數是表示每個字串的最大自可存放字元數。當然也可以在宣告時就設定初值，不過要記得每個字串元素都必須包含於雙引號之內。例如：

```
char 字串陣列名稱[字串數][字元數]={ "字串常數1", "字串常數2", "字串常數3"…}；
```

　　在設定初值時必須使用「"」（雙引號）來將字串圍住。例如：

```
char arr[3][8]={{"tomguns"},
      {"sandy"},
      {"kelly"}}
```

　　上述字串陣列的排列方式如下圖所示：

	0	1	2	3	4	5	6	7
0	t	o	m	g	u	n	s	\0
1	s	a	n	d	y	\0		
2	k	e	l	l	y	\0		

如果要使用二維陣列arr的字串「kelly」時，只要指定陣列的一維索引值「arr[2]」即可。而如果要使用二維陣列arr內字串「sandy」的「d」字元時，那麼就要將索引值指定到「arr[1][3]」。

【程式範例】：字串陣列的宣告與輸出範例：CH06_05.cpp

```
01 #include <iostream>
02
03 using namespace std;
04
05 int main()
06 {
07    char Name[5][10]={"John",
08              "Mary",
09              "Wilson",
10              "Candy",
11              "Allen"};//字串陣列的宣告
12    int i,j;
13
14    for(i=0;i<5;i++)
15    {
16        j=0;
17        while(Name[i][j]!='\0')
18            j++;
19        cout<<"Name["<<i<<"]="<<Name[i]<<" 長度為:"<<j<<"位元"<<endl;   //印出字串陣列內容
20    }
21
22    cout<<endl;
23
24    return 0;
25 }
```

【執行結果】

```
Name[0]=John  長度為:4位元
Name[1]=Mary  長度為:4位元
Name[2]=Wilson  長度為:6位元
Name[3]=Candy  長度為:5位元
Name[4]=Allen  長度為:5位元


_____
Process exited after 0.3477 seconds with return value 0
請按任意鍵繼續 . . . ▪
```

【程式解說】

第7行中宣告了一個字串陣列Name，而第19行中直接將Name陣列以一維的方式即可輸出該字串，不過如果要輸出第i字串的第j個字元，則必須使用二維方式，如cout<<Name[i-1][j-1]。

6-2-3 C++字串函數

C++中也支援C的字串處理，因此對於字串處理的功能就提供了許多方便的函數給各位使用，使用這些函數前必須先含入cstring標頭檔（亦即#include <cstring>）。例如字串複製、字串內容對換、字串搜尋或者是取得字串長度的大小等相關函數。以下將以表列方式快速介紹幾個較常用的字串處理函數。

■ 字串長度：strlen()

實例	執行結果

``cpp
#include <iostream>
#include <cstring>
using namespace std;
int main()
{
    const char* str1 = "This is a test!";
                //宣告一個常數字串str1
    cout<<"str1字串長度是："<<strlen（str1)<<endl;
                //求出str1的長度
}
``
	str1字串長度
	是：15

利用**strlen**所求出的字串長度並不包含「\0」（空字元），因此str1的字串長度是15。

■ 拷貝字串：strcpy()

實例	執行結果

``cpp
#include <iostream>
#include <cstring>
using namespace std;
int main()
{
    const charstr1[ ] = "This is a test!";
    char str2 [strlen(str1) + 1];
                //必須多配置一個/位元組來存
                //放「\0」字元
    strcpy(str2,str1);/   /將str1拷貝到str2
    cout<<"str2字串是："<<str2<<endl;
}
``
	str2字串是：
	This is a test!

　　要將字串str1拷貝到str2中，必須先配置足夠的記憶體，因為字串必須以「\0」字元做結尾，所以在配置字串str2的記憶體時必須多配置一個位元組，然後才能使用**strcpy**進行字串拷貝的動作。

■ 串接字串1:strcat()

實例	執行結果

``cpp
#include <iostream>
#include <cstring>
using namespace std;
int main()
{
    char str1[ ] = "Hello ";
    char str2[] = "World!";
    int len = strlen(str1) + strlen(str2) + 1;
                        //算出所需位元組數
    char str3 [len];   //替str3配置足夠的
                        //記憶體(len bytes)
    strcpy(str3,str1); //將str1拷貝至str3
    strcat(str3,str2); //將str2串接到str3
    cout<<"str3字串是 : "<<str3<<endl;
}
``
	str3字串是：Hello World!

　　以上示範將兩個字串（str1和str2）串接的結果儲存於第三個字串（str3）中，使用方式是先將str1拷貝至str3，在利用**strcat**將str2串接到str3的後面。

CHAPTER

6

■ 串接字串2：strncat()

實例	執行結果

`#include <iostream>`
`#include <cstring>`
`using namespace std;`
`int main()`
`{`
　　`char str1[35] = "Hello ";`
　　`char str2[35] = "World! ";`
　　`strncat（str1,str2,6);`//取出str2的前6個字元串接在//str1
　　　　之後
　　`cout<<"str1字串是: "<<str1<<endl;`
`}`
	str1字串是：
	Hello World!

　　以上示範str2直接串接到str1的例子，進行串接的前提是str1必須有足夠的空間可以容納要串接進來的字元數。實例中**strncat**函數的第三個參數代表str2要串接前面六個字元到str1中。

■ 比較字串：strcmp()

實例	執行結果

`#include <iostream>`
`#include <cstring>`
`using namespace std;`
`int main()`
`{`
　　`charstr1[ ] = "world!";`
　　`charstr2[ ]= "World!";`
 	
　　`switch(`**`strcmp(str1,str2)`**`)` //比較兩個字串並判斷結果
　　`{`
　　　`case 0:`//str1等於str2
	str1大於str2

實例	執行結果

cout<<"str1等於str2"<<endl;
        break;
case 1://str1的長度大於str2，或者
        //str1的長度和str2相等，但是
        //str1的第一個字元的ASCII值
        //大於str2的第一個字元的ASCII值
        cout<<"str1大於str2"<<endl;
        break;
case -1: //str2的長度大於str1，或者
        //str2的長度和str1相等，但是
        //str2的第一個字元的ASCII值
        //大於str1的第一個字元的ASCII值
        cout<<"str1小於str2"<<endl;
        break;
    }
 	
}	

　　我們可利用**strcmp**來比較字串str1和str2的關係。如果等於0代表兩個字串完全相等，如果大於0，代表str1的長度大於str2，或者str1長度等於str2，但是str1的第一個字元的ASCII值大於str2的第一個字元的ASCII值；而如果小於0則情況剛好相反。

■ 搜尋子字串1：strcspn()

實例	執行結果
#include <iostream> #include <cstring> using namespace std; int main() { char str1[ ]="Hello World!";	找到w、o或r 的位置是：4

實例	執行結果

int idx = **strcspn(str1,"wor");**　//在str1中尋找wor
//任一字元第一次
//出現的位置
cout<<"找到w、o或r的位置是: "<<idx<<endl;
}	

以上**strcspn**會從str1中搜尋"wor"字串中任一個字元第一次出現在str1中的位置（從0算起）。

■ 搜尋子字串2：strstr()

實例	執行結果

#include <iostream>
#include <cstring>
using namespace std;
int main()
{
　char str1[ ] = "Hello World!";
　charsubstr[ ] = **strstr（str1,"Wor");**
　cout<<"Wor位於str1中的子字串是: "<<substr<<endl;
　int pos = substr - str1; //算出Wor出現於str1中的位置
　cout<<"在str1中找到Wor的位置是: "<<pos<<endl;
}
	Wor位於str1中的子字串是：World!
	在str1中找到Wor的位置是：6

以上利用**strstr**函數搜尋Wor字串出現於str1中的哪一個子字串中，搜尋結果是World!所以substr指標指向World!字串的起始位址，因為一個字元占一個位元組，因此將substr指標減去str1指標即可算出Wor字串出現的位置（從0算起）。

6-3 上機程式測驗

1. 請設計一個C++程式,利用二維陣列的方式來撰寫一個求二階行列式的範例。二階行列式的計算公式為:

$$\triangle = \begin{vmatrix} a1 & b1 \\ a2 & b2 \end{vmatrix} = a1*b2-a2*b1$$

解答:CH06_06.cpp

2. 對於m×n矩陣(matrix)的形式,可以描述一個電腦中A(m, n)二維陣列。例如談到矩陣相加的程式,首先必須兩者的列數與行數都相等,而相加後矩陣的列數與行數也是相同。請設計一個C++程式,宣告三個二維陣列來實作矩陣相加的過程,並顯示兩矩陣相加後的結果。

解答:CH06_07.cpp

3. 請設計一個C++程式,將使用者輸入的原始字串資料反向排列輸出新的字串。

解答:CH06_08.cpp

4. 請設計一C++程式,使用一個長度為10的一維陣列來儲存位於該分數級距的學生人數,及加入學生成績的分布圖,並以星號代表該級距的人數。這十個元素的作用如下表所示:

元素	作用	元素	作用
degree[0]	儲存分數0~9的人數	degree[5]	儲存分數50~59的人數
degree[1]	儲存分數10~19的人數	degree[6]	儲存分數60~69的人數
degree[2]	儲存分數20~29的人數	degree[7]	儲存分數70~79的人數
degree[3]	儲存分數30~39的人數	degree[8]	儲存分數80~89的人數
degree[4]	儲存分數40~49的人數	degree[9]	儲存分數90~100的人數

CHAPTER

6

```
int score[10]={64,84,91,100,58,71,66,43,67,84};
```

解答：CH06_08.cpp

5. 請設計一C++程式，利用三層巢狀迴圈來找出2×3×3三維陣列中所儲存數值中的最小值：

```
int num[2][3][3]={{{33,45,67},{23,71,56},{55,38,66}},{{21,9,15},
{38,69,18}, {90,101,89}}};
```

解答：CH06_09.cpp

6. 請設計一C++程式，進行兩個字串的宣告與連結。

解答：CH06_10.cpp

7. 請設計一程式，使用陣列來儲存十個學生的成績，並計算總分、平均分數，以及低於平均分數的學生人數。

解答：CH06_11.cpp

本章課後評量

1. 宣告陣列後，有哪兩種方法設定元素的數值？

2. 下面這個程式預定要顯示字串內容，但是結果不如預期，請問出了什麼問題？

```
01 #include <siostream>
02 using namespace std;
03
04 int main(){
05     char str[]={'J','o','h','n'};
06     cout<<str;
07     return 0;
08 }
```

3. 以下三種宣告方式，有哪些是不合法的宣告，請說明原因。

```
int  A1[2][3]={{1,2,3},{2,3,4}} ；
int  A2[ ][3]={{1,2,3},{2,3,4}} ；
int  A3[2][ ]={{1,2,3},{2,3,4}} ；
```

4. 請指出以下程式碼是否有錯？為什麼？

```
char Str1[]="Hello";
char Str2[20];
Str2=Str1;
```

5. 請問以下str1與str2字串，分別占了多少位元組（bytes）？

```
char str1[ ]= "You are a good boy";
char str2[ ]= "This is a bad book  ";
```

6. 請問底下的多維陣列的宣告是否正確？

```
int  A[3][ ]={{1,2,3},{2,3,4},{4,5,6}} ；
```

7. 下面這個程式碼片段設定並顯示陣列初值，但隱含了並不易發現的錯誤，請找出這個程式碼片段的錯誤所在：

```
01 int a[2, 3] = {{1, 2, 3},{4, 5, 6}};
02 int i, j;
03 for(i = 0; i < 2; i++)
04      for(j = 0; j < 3; j++)
05          cout<< a[i, j];
```

8. 下面這個程式片段哪邊出了錯誤？

```
01 char str[80];
02 cout<<"請輸入字串：";
```

```
03 cin>>&str;
04 cout<<"您輸入的字串爲："<<str;
```

9. 假設宣告了陣列一整數陣列a[30]，而a的記憶體位置爲240ff40，請問 a[10]與a[15]的記憶體位置爲何？

10. 請以簡單的程式碼，宣告一個「kk」變數，並將「C++」的字串傳入 其中。

第七章

函數

　　我們知道模組化的概念從實作的角度來看，就是函數（function）。所謂函數，簡單來說，就是一段程式敘述的集合，並且給予一個名稱來代表此程式碼集合。C++中提供了相當方便實用的函數功能，在中大型程式的開發中，為了程式碼的可讀性及利於程式專案的規劃，通常會將程式切割成一個個功能明確的函數，而這就是一種模組化概念的充分表現。

函數本身就代表一種分工合作的概念

7-1 認識函數

　　函數是C++的主要核心架構與特色，整個C++程式的撰寫，就是由這些各具功能的函數所組合而成。我們程式碼可以直接撰寫在主程式main()中，當然main()本身也是一種函數。C++的函數只有兩種類型，可區分為系統本身提供的公用函數庫及各位自行定義的自訂函數。使用公用函數只要將所使用的相關函數標頭檔含括（include）進來即可，而自訂函數則是自己要花腦筋來設計的函數，這也是本章將要說明的重點所在。

不同功能的函數就像是不同用途的工具

7-1-1 函數原型宣告

　　由於C++程式在進行編譯時是採用由上而下的順序，如果在函數呼叫前沒有編譯過這個函數的定義，那麼C++編譯器就會傳回函數名稱未定義的錯誤。因此函數跟變數一樣，當各位使用時一定要從開始宣告。原型宣告的位置是放置於程式開頭，通常是位於#include指令與main()之間，或者也可以放在main()函數中，宣告的語法格式如下：

傳回資料型態 函數名稱(資料型態 參數1，資料型態 參數2，…………)；
或
傳回資料型態 函數名稱(資料型態, 資料型態, …………)；

例如一個函數sum()可接收兩筆成績參數，並傳回其最後計算總和值，原型宣告如下兩種方式：

int sum(int score1,int score2)；
或是
int sum(int, int)；

如果函數不用傳回任何值，或則函數中沒有任何參數傳遞，都可用void關鍵字形容：

void sum(int score1,int score2)；
int sum(void);
int sum(); /*直接以空括號表示也合法*/

請注意！呼叫函數的指令位在函數主體定義之後可以省略原型宣告，否則就必須在尚未呼叫函數前，先行宣告自訂函數的原型（Function Prototype），來告訴編譯器有一個還沒有定義，卻將會用到的自訂函數存在。不過為了程式的可讀性考量，我們建議盡量養成每一個函數都能原型宣告的習慣。

7-1-2 函數的定義

　　清楚了函數的原型宣告後，接下來我們要來知道如何定義函數主體的架構。自訂函數在C++中的定義方式與main()函數類似，基本架構如下：

```
函數型態 函數名稱(資料型態 參數1, 資料型態 參數2, …………)
{
  函數主體;
  :
  return傳回值;
}
```

　　函數名稱是準備定義函數的第一步，是由設計者自行來命名，命名規則與變數命名規則相符，最好能具備可讀性。千萬避免使用不具任何意義的字眼作為函數的名稱，例如bbb、aaa等。不過在函數名稱後面括號內的參數列，可不能像原型宣告時，只寫上各參數的資料型態，必須同時填上每一個資料型態與參數名稱。例如要傳遞參數給函數時是否有正確地傳出所定義型態的參數。它們兩者間的關係就好似圖書館裡的書卡和圖書的關係，書卡詳細記載了書籍的資料包括書籍名稱、作者等等，因此讀者可以憑著書卡輕易地找到書籍。至於函數主體是由C++的指令組成，在程式碼撰寫的風格上，我們建議使用註解來說明函數的作用。

　　以下就是我們自行設計的sum()函數主體內容：

```
01 int sum(int score1,int score2)
02 {
03    int total；/* 函數內宣告變數 */
04
05    total=score1+score2；
```

```
06
07      return total;
08  }
```

7-1-3 函數呼叫

函數呼叫就像兩個人透過手機互相聯絡

　　函數建立好之後，就可以在程式中直接呼叫該函數名稱來執行函數。當程式呼叫函數時，C++會把程式控制權移轉到被呼叫的函數上執行工作，一旦函數執行完畢後，就會將程式控制權交回給原呼叫程式，並繼續執行函數後的下一道指令。函數呼叫的方式有兩種，假如沒有傳回值，通常直接使用函數名稱即可呼叫函數。語法格式如下：

函數名稱(引數1, 引數2, …………);

如果函數有傳回值，則可運用指定運算子"="將傳回值指定給變數。如下所示：

變數=函數名稱(引數1, 引數2, …………);

行文到此，相信各位對函數的撰寫與應用已經有了清楚的概念。由於函數的使用是C++程式的精華所在，以下我們將列舉兩個C++的函數範例，來幫助您更熟悉函數設計的技巧。

【程式範例】：sum()函數的實作練習：CH07_01.cpp

以下程式範例是整合上述sum()函數中，包括函數原型宣告、定義與呼叫的完整設計，我們將輸入兩筆成績，並透過函數中的計算，列印出兩筆的總和。

```
01 #include<iostream>
02
03
04 using namespace std;
05 //宣告函數原型
06 int sum(int,int);//函數原型宣告
07
08 int main()
09 {
10
11     int x,y;
12     cout<<"請輸入兩科成績: ";
13     cin>>x>>y;
14     cout<<"兩科成積總和="<<sum(x,y)<<endl;//呼叫並輸出函數結果
15
```

```
16      return 0;
17 }
18 //函數定義部分
19 int sum(int score1,int score2)
20 {
21      int total;
22      total=score1+score2;
23
24      return total;
25 }
```

【執行結果】

```
請輸入兩科成績: 88 96
兩科成積總和=184

------------------------------------
Process exited after 4.354 seconds with return value 0
請按任意鍵繼續 . . . ■
```

【程式解說】

　　在第6行中宣告函數原型於#include引入檔後，主程式之前，也可以宣告在第9行的大括號後，此函數的參數有二個。第19～25行則是函數定義的程式區塊部分。當我們在第13行中讀入兩數x、y時，在第14行呼叫sum()函數，第19行中的引數score1會接收x的值，score2會接收y的值。

　　此外，通常我們會將函數原型宣告在main()函數之前，其實您也可以於main()函數中進行函數原型宣告，這種做法就能限定該函數只能被

main()函數呼叫，其它函數並無法使用這個函數。

【程式範例】：函數內的函數原型宣告範例：CH07_02.cpp

　　以下程式範例主要是說明函數內的函數原型宣告做法，我們在main()
函數中宣告了兩個自訂函數f_abs()與cubic_abs(f)分別求出某實數的絕對
值與該數立方的絕對值。這個範例中希望各位注意不同函數中函數原型宣
告的位置。

```cpp
01 #include <iostream>
02
03 using namespace std;
04
05 int main()
06 {
07     float f_abs(float);//函數f_abs()的原型宣告
08     float cubic_abs(float o1);//函數cubic_abs()的原型宣告
09     float f1;
10
11     cout<<"請輸入一實數:";        //輸入整數
12     cin>>f1;
13     cout<<"f_abs("<<f1<<")="<<f_abs(f1)<<endl;//印出絕對值
14     cout<<"cubic_abs("<<f1<<")="<<cubic_abs(f1)<<endl;
15
16     return 0;
17 }
18
19 float cubic_abs(float o1)
20 {
21     float f_abs(float);
22     return f_abs(o1*o1*o1);
23 }
```

```
24
25 float f_abs(float o)   //自訂函數f_abs()傳回絕對值
26 {
27     if (o<0)
28         return -1*o;
29     else
30         return o;
31 }
```

【執行結果】

```
請輸入一實數:3.6
f_abs(3.6)=3.6
cubic_abs(3.6)=46.656

--------------------------------
Process exited after 3.3 seconds with return value 0
請按任意鍵繼續 . . .
```

【程式解說】

在第7、8行中分別宣告了f_abs()與cubic_abs()的函數原型，因此在main()函數中可呼叫這些函數。而在第22行中，因為要在第21行的cubic_abs()函數中呼叫f_abs()函數，所以必須先進行f_abs()函數的原型宣告。在函數的應用中，如果函數間彼此要相互呼叫，必須在函數中補上即將呼叫的函數原型宣告。

> **Tips**
>
> 　　在C++中，變數的可視範圍可分為三種：「全域變數」（Global variable）、「區域變數」（Local variable）與「區塊變數」（Block variable）。區域變數是指宣告在函數之內的變數，或是宣告在參數列之前的變數，它的可視範圍只在宣告的函數區塊之中，其它的函數不可以使用該變數，區域變數的生命週期開始於函數被呼叫之後，終止於函數執行完畢之時。至於區塊變數則是指宣告在某個陳述區塊之中的變數，也是屬於區域變數的一種。在某些程式碼區塊中所宣告的變數其有效範圍僅在此程式碼區塊中，此程式碼區塊以外的程式碼都不能參考此變數。

7-2 函數傳遞模式與多載

函數傳遞有點像王建民與捕手間的關係

CHAPTER

7

之前我們曾經提到，變數儲存在系統記憶體的位址上，而位址上的數值和位址本身是獨立、分開運作，所以更改變數的數值，是不會影響它儲存的位址。而函數中的參數傳遞，是將主程式中呼叫函數的引數值，傳遞給函數部分的參數，然後在函數中，處理定義的程式敘述。

Tips

　　我們實際呼叫函數時所提供的參數，通常簡稱為引數，而在函數主體或原型中所宣告的參數，常簡稱為參數。

這種關係有點像王建民與捕手間的關係，一個投球與一個接球。一般來說，在C++中，函數呼叫時參數的傳遞上，可以分為「傳值呼叫」（call by value）、「傳址呼叫」（call by address）與「傳參考呼叫」（call by reference）。在尚未正式介紹之前，首先為您介紹兩種在傳址呼叫時所需要的「*」取值運算子和「&」取址運算子，說明如下：

1. 「*」取值運算子：可以取得變數在記憶體位址上所儲存的值。
2. 「&」取址運算子：可以取得變數在記憶體上的位址。

7-2-1 傳值呼叫

　　傳值呼叫模式是表示在呼叫函數時，會將引數的值一一地複製給函數的參數，因此在函數中對參數的值做任何的更動，都不會影響到原來的引數。事實上，在傳遞的過程中作為參數的變數或是常數在實際上並未真正的傳遞給函數。

　　到了目前為止，本章中之前所介紹的函數範例都是以此種方式傳遞參數，特點是並不會更動到原先主程式中呼叫的變數內容。基本上，C++預

設的參數傳遞方式為傳值呼叫（call by value），傳值呼叫的函數宣告型
式如下所示：

回傳資料型態 函數名稱(資料型態 參數1, 資料型態 參數2, ………);
或
回傳資料型態 函數名稱(資料型態, 資料型態, ………);

您也可以將函數原型宣告中的變數名稱省略，只需在函數定義時再行
宣告即可。特別注意的是，原型宣告與函數定義中的參數個數及資料型態
都必須符合，否則在編譯時就會出現錯誤訊息。

現在我們就用傳值呼叫的方式來設計由主程式接收兩個參數，並將這
兩個參數傳給gcd()函數進行最大公因數的運算，接著也可利用最大公因
數來求取兩者最小公倍數。

【程式範例】：函數傳值呼叫範例：CH07_03.cpp

```
01 #include <iostream>
02
03
04 using namespace std;
05
06 int gcd(int,int);  //傳值呼叫函數原型宣告
07
08 int main()
09 {
10     int Num1,Num2,lcd_Num,gcd_Num;
11     cout << "請輸入兩個數值" << endl;
12     cout << "數值 1：";
13     cin >> Num1;
```

CHAPTER

7

```
14      cout << "數值 2：";
15      cin >> Num2;
16      gcd_Num=gcd(Num1,Num2);
17      lcd_Num=Num1 * Num2 / gcd_Num;
18       cout << Num1 << " 及 " << Num2 << " 的最大公因數爲：" <<
   gcd_Num << endl;
19       cout << Num1 << " 及 " << Num2 << " 的最小公倍數爲：" <<
   lcd_Num << endl;
20
21      return 0;
22 }
23 int gcd(int Num1, int Num2)
24 {
25      int Temp;
26      while (Num2 != 0)
27      {
28          Temp=Num1 % Num2;
29          Num1 = Num2;
30          Num2 = Temp;  //輾轉相除法
31      }
32      return (Num1);
33 }
```

【執行結果】

```
請輸入兩個數值
數值 1：4
數值 2：6
4 及 6 的最大公因數為：2
4 及 6 的最小公倍數為：12

--------------------------------
Process exited after 3.536 seconds with return value 0
請按任意鍵繼續 . . .
```

【程式解說】

　　第6行建立gcd()函數的原型宣告。第13、15行：由主程式中取得兩個數值。第16行呼叫gcd()函數，並傳遞兩個參數給該函數。第17行利用gcd()函數的傳回值計算最小公倍數。

7-2-2 傳址呼叫

　　傳址呼叫方式的主要意義是表示在呼叫函數時所傳遞給函數的參數值會是變數的記憶體位址，如此函數的引數將與所傳遞的參數共享同一塊記憶體位址，因此對引數值的變動連帶著也會影響到參數值。

兩個變數就像共享一個住址的一家人

　　以嚴格的角度來看，實際上C/C++語言並沒有提供傳址呼叫，它是利用傳遞指標變數的方式來進行傳址呼叫，但是在C++語言可以使用指標（pointer）變數（即延續C語言的做法）及參考（reference）變數兩種做法來進行傳址呼叫。雖然在程式的「函數的原型宣告」、「主程式中函數呼叫方式」及「函數定義」的寫法會有些微差異，但兩者的功能完全相同,都能進行函數傳址呼叫。

要進行這一類型的傳址呼叫,我們必須宣告指標(Pointer)變數作為函數的引數,指標變數是用來儲存變數的記憶體位址,目前我們尚未深入探討指標,所以您只要先記得傳址呼叫的參數宣告時必須加上*運算子,而呼叫的函數呼叫引數前必須加上&運算子。由於指標變數的內容是用來存放記憶體位址,當存取該指標變數時,就等於是存取於該記憶體位址所指到的變數值。因此如果變更了指標變數的值,那麼呼叫程式中的引數值也會同步更新。指標參數的傳址方式的函數函數宣告型式如下:

回傳資料型態 函數名稱(資料型態 *參數1, 資料型態 *參數2, …………);
或
回傳資料型態 函數名稱(資料型態 *, 資料型態 *, …………);

指標參數的傳址呼叫函數呼叫型式如下所示:

函數名稱(&引數1,&引數2, …………);

【程式範例】:add()函數的傳址呼叫宣告與實作:CH07_04.cpp

以下程式範例是設計一add()函數,以傳址呼叫方式將本身參數的值加上另一參數,最後該參數的值也會隨之改變。

```
01 #include <iostream>
02
03 using namespace std;
04
05 void add(int *,int *);//add()函數的原型
06
07 int main()
```

```
08 {
09
10     int a=5,b=10;
11     cout<<"呼叫add()之前,a="<<a<<" b="<<b<<endl;
12     add(&a,&b);        //呼叫add函數,執行a=a+b;
13     cout<<"呼叫add()之後,a="<<a<<" b="<<b<<endl;
14
15     return 0;
16 }
17
18 void add(int *p1,int *p2)//傳址呼叫的函數定義
19 {
20     *p1=*p1+*p2;
21 }
```

【執行結果】

```
呼叫add()之前,a=5 b=10
呼叫add()之後,a=15 b=10

--------------------------------
Process exited after 0.2717 seconds with return value 0
請按任意鍵繼續 . . .
```

【程式解說】

　　在第5行中宣告傳址呼叫的函數原型宣告,而第12行中則將參數a與b的位址傳遞到第18行中add()函數,並由*「取值運算子」,告知編譯器將引數p1、p2指定至參數所指向的位址。

7-2-3 傳參考呼叫

　　雖然傳址呼叫可以讓函數直接修改主程式中的變數值，但是以上一個範例而言，我們直接以指標變數在函數裡面做運算總是太過刺眼，而且當傳遞的參數一多時，撰寫程式時也容易產生混淆。其實，C++的程式語法提供了另一個更為簡便的方法，就是傳參考呼叫方式。

　　事實上，所謂的參考，各位讀者可以把它想成：讓函數直接「參考」在記憶體中的參數值。因此，使用參考這樣的方法時，函數呼叫時不是傳出參數值的位址，而是直接傳遞參數值；至於參數接收的部分，則宣告一個擁有取址運算子的變數來接收這個參數值的位址，接下來在函數中就可以直接使用這個變數。

　　參考在宣告時必須使用取址符號「&」，並需同時指定初值，宣告格式如下：

```
資料型態 &參考名稱 = 初值;  //一次宣告一個參考
資料型態 &參考名稱1 = 初值1 ,…, &參考名稱n = 初值n; //一次宣告多
個參考
```

　　例如：

```
int Obj = 20;
int &refObj = Obj;  //宣告參考須使用&符號，並且同時指定初值
```

　　上列程式中先宣告一個int型態的變數Obj，然後再宣告一個參考refObj來代表Obj的別名。當refObj成為Obj的別名後，就不能再將refObj這個識別字重複宣告為其它變數或物件的別名，並且所有作用於refObj身上的運算處理都會直接作用到Obj身上。例如：

```
refObj++;
cout<<Obj<<endl;   //輸出21
int temp = refObj;
cout<<temp<<endl;   //輸出21
```

在一般情形下，參考很少個別宣告與使用，它通常是應用於函數的參數或傳回值。傳參考呼叫方式也是屬於傳址呼叫的一種，但是在傳參考方式函數中，參數並不會另外再配置記憶體存放引數傳入的位址，而是直接把引數作為參數的一個別名（alias）。在C++傳參考呼叫的函數宣告型式如下所示：

傳回資料型態 函數名稱(資料型態 &參數1, 資料型態 &參數2, ………);
或
傳回資料型態 函數名稱(資料型態 &, 資料型態 &, ………);

傳參考呼叫的函數呼叫型式如下所示：

函數名稱(引數1,引數2, ……….);

以下我們舉傳遞兩參數並交換二個參數值的函數為各位說明在「函數的原型宣告」、「主程式中函數呼叫方式」及「函數定義」三方面的差異：

兩種方式比較表	傳遞指標變數的傳址呼叫	傳遞參考變數的傳址呼叫
函數的原型宣告	void swap(**int *, int ***);	void swap(**int &, int &**);或 void swap(**int &x, int &y**);

主程式中函數呼叫方式	int x=3;
	int y=7;
	swap(&x,&y);/*函數呼叫時，之所以使用「**&**」取址運算子來取得變數的位址，這是因為指標變數是一種變數的位址*/
		int x=3;
		int y=7;
		swap(x,y);

函數定義	void swap(**int *x, int *y**)
	{
	    int temp;
	    temp=*x;
	    ***x=*y;**
	    ***y=temp;**
	}
		void swap(**int &x, int &y**)
		{
		    int temp;
		    temp=x;
		    x=y;
		    y=temp;
		}

CHAPTER

7

【程式範例】：傳值及傳參考呼叫使用範例：CH07_05.cpp

以下利用一個程式範例來做說明，這個範例將分別嘗試使用傳值及傳參考呼叫來遞增主程式中的index參數值。

```
01  #include <iostream>
02
03  using namespace std;
04
05  void Increase_ByVal(int);
06  void Increase_ByRef(int&);
07
08  int main()
09  {
10      int index =2;
11      cout << "遞增前主程式裡的 index 值：" << index << endl;
```

```
12       Increase_ByVal(index);
13       cout << "傳值呼叫－遞增後主程式裡的 index 值：" << index << endl;
14       Increase_ByRef(index);
15       cout << "傳參考呼叫－遞增後主程式裡的 index 值：" << index << endl;
16
17       return 0;
18   }
19   void Increase_ByVal(int index)
20   {
21       index++;
22   }
23   void Increase_ByRef(int& index)
24   {
25       index++;
26   }
```

【執行結果】

```
遞增前主程式裡的 index 值：2
傳值呼叫—遞增後主程式裡的 index 值：2
傳參考呼叫—遞增後主程式裡的 index 值：3

--------------------------------
Process exited after 0.2199 seconds with return value 0
請按任意鍵繼續 . . .
```

【程式解說】

　　第5～6行分別建立傳值及傳參考呼叫的函數原型宣告。第12行中我們以傳值的方式呼叫函數，由於傳值呼叫並不會影響呼叫程式的參數，因此函數執行完返回呼叫程式後，第13行中的index的值仍然是2。第14行改以傳參考的方式來遞增參數值，因為參數的記憶體位址相同，所以函數執行完返回呼叫程式後，第15行中index的值就被變更成3了。

7-2-4 函數與陣列參數

　　函數中要傳遞對象如果不只一個變數，例如陣列資料，也可以整個陣列傳遞過去。由於陣列名稱儲存的值其實就是陣列第一個元素的記憶體位址，各位只要把陣列名稱當成函數的引數來傳遞即可，各位可以想像傳遞單一變數傳遞就好像一台汽車經過山洞，傳遞一整個陣列就好比一整列火車經過山洞。

　　由於陣列傳遞到函數時，只是傳遞陣列存放於記憶體的位址，不用像一般變數一樣，將陣列的每個元素都複製一份來傳遞它們，如果在函數中改變了陣列內容，所呼叫主程式中的陣列引數內容也會隨之改變。我們傳遞時不知道陣列的長度，所以在陣列傳遞過程，最好是可以加上傳送陣列長度的引數。以下是一維陣列參數傳遞的函數原型宣告：

(回傳資料型態or void) 函數名稱 (資料型態 陣列名稱[ ] ,…);

而一維陣列參數傳遞的函數呼叫如下所示：

```
函數名稱 (資料型態 陣列名稱,…);
```

至於一維函數的基本架構如下：

```
(回傳資料型態 or void) 函數名稱 (資料型態 陣列名稱[ ] ,…);
{
  …
}
```

以下程式範例是將一維陣列A以傳址呼叫的方式傳遞給Multiple2()函數，在函數中將每個一維arr陣列中的元素值都乘以2，同時也會將主程式中的A陣列的元素值都改變。

【程式範例】：一維陣列的參數傳遞範例：CH07_06.cpp

```cpp
01 #include <iostream>
02
03 #define Array_size 6
04 using namespace std;
05
06 void Multiple2(int arr[]);        //函數Multiple2()的原型
07
08 int main()
09 {
10     int i,A[Array_size]={ 1,2,3,4,5,6 };
11
12     cout<<"呼叫Multiple2()前,陣列的內容為: "<<endl;
```

```
13       for(i=0;i<Array_size;i++) //印出陣列內容
14            cout<<A[i]<<" ";
15       cout<<endl;
16       Multiple2(A); //呼叫函數Multiple2()
17       cout<<"呼叫Multiple2()後,陣列的內容為: "<<endl;
18       for(i=0;i<Array_size;i++)  //印出陣列內容
19            cout<<A[i]<<" ";
20       cout<<endl;
21
22       return 0;
23 }
24
25 void Multiple2(int arr[])
26 {
27       int i;
28       for(i=0;i<Array_size;i++)
29            arr[i]*=2;
30 }
```

【執行結果】

```
呼叫Multiple2()前,陣列的內容為:
1 2 3 4 5 6
呼叫Multiple2()後,陣列的內容為:
2 4 6 8 10 12

--------------------------------
Process exited after 0.308 seconds with return value 0
請按任意鍵繼續 . . .
```

【程式解說】

　　第3行宣告Array_size爲常數。第6行中是函數的原型宣告，以arr[ ]參數及傳址呼叫傳遞，其中在大括號[ ]中的數字可寫也可不寫，第13～14行印出A陣列內容。第16行直接用陣列名稱，呼叫函數Multiple2()，在第29行會將每個元素值乘以2的陣列傳回主函數。第18～19行中列印A陣列，元素值已改變了。

　　至於多維陣列參數傳遞的原理和一維陣列大致相同，只是函數的參數宣告上必須多加幾個中括號。例如二維陣列，只要參數加上兩個中括號就可以，不過請注意！把多維陣列傳入函數時，陣列名稱後的第一個中括號可以省略不用塡入元素個數，其它維度的中括號可得塡上該維元素的個數，否則編譯時會產生錯誤。以下是二維陣列參數傳遞的函數原型宣告：

```
(回傳資料型態or void)  函數名稱 (資料型態 陣列名稱[ ] [行數] ,…);
```

　　而二維陣列參數傳遞的函數呼叫如下所示：

```
函數名稱 (資料型態 陣列名稱,…);
```

　　函數的基本架構如下：

```
(回傳資料型態or void)  函數名稱 (資料型態 陣列名稱[ ][ ] ,…);
{
  …
}
```

【程式範例】：二維陣列參數傳遞範例：CH07_07.cpp

以下程式範例仍是將二維陣列B以傳址呼叫的方式傳遞給Multiple2()函數，在函數中將每個二維brr陣列中的元素值都乘以2，同時也會將主程式中的A陣列的元素值都改變。

```cpp
01 #include <iostream>
02
03 using namespace std;
04
05 #define Array_row 2
06 #define Array_column 6
07
08 void Multiple2(int brr[][Array_column]);//函數Multiple2()的原型
09
10 int main()
11 {
12     int i,j,B[][Array_column]={{1,2,3,4,5,6},{7,8,9,10,11,12}};
13
14     cout<<"呼叫Multiple2()前,陣列的內容為: ";
15     for(i=0;i<Array_row;i++) // 印出陣列內容
16         for(j=0;j<Array_column;j++)
17             cout<<B[i][j]<<" ";
18     cout<<endl;
19
20     Multiple2(B);              //呼叫函數Multiple2()
21     cout<<"呼叫Multiple2()後,陣列的內容為: ";
22
23     for(i=0;i<Array_row;i++)  //印出陣列內容
24         for(j=0;j<Array_column;j++)
25             cout<<B[i][j]<<" ";
26
```

```
27       cout<<endl;
28
29       return 0;
30 }
31
32 void Multiple2(int brr[][Array_column])//第二維必須有元素個素
33 {
34       int i,j;
35       for(i=0;i<Array_row;i++) // 印出陣列內容
36             for(j=0;j<Array_column;j++)
37                   brr[i][j]*=2;
38 }
```

【執行結果】

```
呼叫Multiple2()前.陣列的內容為: 1 2 3 4 5 6 7 8 9 10 11 12
呼叫Multiple2()後.陣列的內容為: 2 4 6 8 10 12 14 16 18 20 22 24
-----------------------------------
Process exited after 0.2895 seconds with return value 0
請按任意鍵繼續 . . . ■
```

【程式解說】

　　第12行中第一維的大括號可以省略不用定義，其它維數的註標都必須清楚定義長度。第20行以傳址呼叫函數Multiple2()。第32~38行則是定義Multiple2()函數的內容，在第32行處特別請您注意的還是第二維中括號中必須有元素個素。

7-2-5 行內函數

　　前面提到過，函數的出現是為了節省程式的長度，在正常的情況下，編譯器一接收到呼叫函數指令，會立即執行該函數，待函數結束後再跳回函數呼叫後的程式碼。雖然是節省了記憶體空間，卻相對地要多花點時間，因程式要跑去執行函數時，必須先將目前的狀態（儲存在暫存器上的指令、相關資料參數）置入暫存記憶體中，等到函數執行完，再將資料從暫存記憶體中取回，執行速度上來說就會變得比較慢。因此對於某些頻繁呼叫的小型函數來說，這些堆疊存取的動作，將減低程式執行的效率，此時就可以建議編譯器將之設定為「行內函數」（Inline function）。

　　使用C++的行內函數方式直接寫進呼叫程式內，原始程式一遇到行內函數呼叫，函數的程式碼會立即插入程式中，而非產生跳躍指令，不過如果重複執行的程式碼較長，那麼我們還是建議使用正常的函數，與其浪費大量的記憶體，倒不如犧牲點執行速度。

　　事實上，有些函數非常簡短，可能跳躍或儲存參數等指令加起來正好跟行內函數程式碼差不多，那麼這種函數當然以行內函數優先考慮，因為空間是差不多，但可以節省時間，行內函數宣告方式如下：

```
inline 資料型態 函數名稱(資料型態 參數名稱)
{
    程式敘述區塊；
}
```

【程式範例】：行內函數的宣告與使用範例：CH07_08.cpp

　　以下程式範例是將add()函數宣告為行內函數，並計算兩數的和。

```
01 #include <iostream>
02
```

```
03  using namespace std;
04
05  inline int add(int a,int b) {return a+b;}
06
07  int main()
08  {
09      int num1 = 0 ,num2=0;
10      cout << "輸入數值 1：";
11      cin >> num1;
12      cout << "輸入數值 2：";
13      cin >> num2;
14      cout << "數值 1+數值 2 =" << add(num1,num2) << endl;
15
16      return 0;
17  }
```

【執行結果】

```
輸入數值 1：6
輸入數值 2：5
數值 1+數值 2 =11

------------------------------------
Process exited after 3.019 seconds with return value 0
請按任意鍵繼續 . . .
```

【程式解說】

　　第5行使用行內函數在定義函數原型時必須加上inline，通知編譯器在執行函數時直接將程式嵌入呼叫函數的程式中。因此第14行呼叫副函數

add()時，則該函數會自動在呼叫點展開。

7-2-6 函數多載

　　C++對於函數的使用有項重大的改變，它允許同一個程式中擁有數個名稱相同的函數，分別執行不同的功能運算，這就是所謂的函數多載。函數多載主要是以參數來判斷應執行哪一個函數功能，如果兩個函數的參數個數不同，或是參數個數相同，但是至少有一個對應的參數型態不同，那麼C++就會將它視為不相同的函數。例如底下例子中的Get_Area()函數，就是三個不同的函數：

```
int Get_Area(int Width, int Height);           // 具有兩個整數參數

int Get_Area(double Width, double Height);   // 參數個數與第一個函數相同
                                             // 但參數資料型態不同

int Get_Area(int Up, int Bottom, int Height); // 參數個數與第一及第二個函數不同
```

　　底下直接來看個簡單的程式範例，我們將利用函數多載來撰寫計算正方形面積、梯形面積，或是圓面積的Get_Area()函數。

【程式範例】：函數多載的宣告與應用範例：CH07_09.cpp

```
01 #include <iostream>
02
03
04 using namespace std;
05
06 int Get_Area(int Width, int Height);   // 計算矩形面積
07 int Get_Area(int Up, int Bottom, int Height);   // 計算梯形面積
```

```
08 double Get_Area(int r); // 計算圓面積
09
10 int main()
11 {
12      int Width, Height, Up, Bottom, r; // Width:長 Heidht:寬
13      // Up:上底 Bottom:下底
14      // r:圓半徑
15      cout << "請輸入矩形的長及寬(單位：公分)：";
16      cin >> Width >> Height;
17      cout << "矩形面積為： " << Get_Area(Width, Height)<< " 平方
        公分" << endl;
18      cout << endl;
19      cout << "請輸入梯形的上底、下底及高度(單位：公分)：";
20      cin >> Up >> Bottom >> Height;
21      cout << "梯形面積為：" << Get_Area(Up, Bottom, Height)<< "
        平方公分" << endl;
22      cout << endl;
23      cout << "請輸入圓半徑(單位：公分)：";
24      cin >> r;
25      cout << "圓面積為：" << Get_Area(r)<< " 平方公分" << endl;
26
27      return 0;
28 }
29
30 int Get_Area(int Width, int Height)
31 { return Width * Height; }      // 傳回矩形面積
32 int Get_Area(int Up, int Bottom, int Height)
33 { return (Up+Bottom) * Height / 2 ; } // 傳回梯形面積
34 double Get_Area(int r)
35 { return r*r*3.14; }
```

【執行結果】

```
請輸入矩形的長及寬<單位：公分>：6 4
矩形面積為： 24 平方公分

請輸入梯形的上底、下底及高度<單位：公分>：6 4 5
梯形面積為：25 平方公分

請輸入圓半徑<單位：公分>：
```

【程式解說】

　　第6～8行建立三個名稱相同的Get_Area()函數多載，用來執行不同的計算功能。第17、21及25行當呼叫函數時，C++會將您輸入的參數個數及資料形態與函數原形做比較，以便決定應使用哪一個版本的Get_Area()函數。

7-3 遞迴函數

　　遞迴是種很特殊的函數，簡單來說，對程式設計師而言，函數不單純只是能夠被其它函數呼叫（或引用）的程式單元，在某些語言還提供了自身引用的功能，這種功用就是所謂的「遞迴」。遞迴在早期人工智慧所用的語言，如LISP、Prolog幾乎都是整個語言運作的核心。當然在C++中也有提供這項功能，因為它們的繫結時間可以延遲至執行時才動態決定。

7-3-1 遞迴的定義

　　談到遞迴的定義，我們可以正式這樣形容，假如一個函數或副程式，是由自身所定義或呼叫的，就稱為遞迴（Recursion），它至少要定

義二種條件，包括一個可以反覆執行的遞迴過程，與一個跳出執行過程的
出口。遞迴因為呼叫對象的不同，可以區分為以下兩種：

■ 直接遞迴（Direct Recursion）：指遞迴函數中，允許直接呼叫該函數本
　身，稱為直接遞迴。如下例：

```
int Fun(...)
{
  …

      if(...)

          Fun(...)

  …

}
```

■ 間接遞迴（Indirect Recursion）：指遞迴函數中，如果呼叫其它遞迴函
　數，再從其它遞迴函數呼叫回原來的遞迴函數，我們就稱做間接遞迴。

```
int Fun1(...)          int Fun2(...)
{                      {
        .                      .

        .                      .

   if(...)               if(...)

       Fun2(...)             Fun1(...)

        …                      …

}                      }
```

許多人經常困惑的問題是：「何時才是使用遞迴的最好時機？」是不

是遞迴只能解決少數問題？事實上，任何可以用if-else和while指令編寫的函數，都可以用遞迴來表示和編寫。

　　例如我們知道階乘函數是數學上很有名的函數，對遞迴式而言，也可以看成是很典型的範例，我們一般以符號" ！"來代表階乘。如4階乘可寫為4!，n!可以寫成：

```
n!=n×(n-1)*(n-2)……*1
```

　　各位可以一步分解它的運算過程，觀察出一定的規律性：

```
5! = (5 * 4!)
   = 5 * (4 * 3!)
   = 5 * 4 * (3 * 2!)
   = 5 * 4 * 3 * (2 * 1)
   = 5 * 4 * (3 * 2)
   = 5 * (4 * 6)
   = (5 * 24)
   = 120
```

　　以下C++程式就是以遞迴來計算所有1～n!的函數值，請注意其間所應用的遞迴基本條件：一個反覆的過程，以及一個跳出執行的缺口。

```
int recursive(int i)
{
    int sum;
    if(i == 0) //遞迴終止的條件
        return(1);
    else
```

```
        sum = i * recursive(i-1); //sum=n*(n-1)!所以直接呼叫本身
    return sum;
}
```

　　我們再來看一個很有名氣的費伯那序列（Fibonacci），首先看看費伯那序列的基本定義，用口語化來說，就是一序列的第零項是0、第一項是1，其它每一個序列中項目的值是由其本身前面兩項的值相加所得。從費伯那序列的定義，也可以嘗試把它轉成遞迴的形式：

```
int fib(int n)
{
    if(n==0)return 0;
    if(n==1)
        return 1;
    else
        return fib(n-1)+fib(n-2);//遞迴引用本身2次
}
```

【程式範例】：費伯那序列的實作範例：CH07_10.cpp

```
01 #include <iostream>
02
03 using namespace std;
04
05 int fib(int); //fib()函數的原型宣告
06
07 int main()
08 {
09     int i,n;
```

```
10      cout<<"請輸入所要計算第幾個費式數列:";
11      cin>>n;
12      for(i=0;i<=n;i++) // 計算前1~n個費氏數列
13          cout<<"fib("<<i<<")="<<fib(i)<<endl;
14
15      return 0;
16 }
17
18 int fib(int n)        // 定義函數fib()
19 {
20
21      if (n==0)
22          return 0; //如果n=0 則傳回 0
23      else if(n==1 || n==2)      //如果n=1或n=2，則傳回1
24          return 1;
25      else //否則傳回 fib(n-1)+fib(n-2)
26          return (fib(n-1)+fib(n-2));
27 }
```

【執行結果】

```
請輸入所要計算第幾個費式數列:5
fib(0)=0
fib(1)=1
fib(2)=1
fib(3)=2
fib(4)=3
fib(5)=5

--------------------------------
Process exited after 3.564 seconds with return value 0
請按任意鍵繼續 . . . ■
```

【程式解說】

　　第18～27行中定義了fib()函數，並在第11行中輸入n值。第21、23行中，判斷是否為第0、1、2項的費式數列值，如不是則執行第26行，以遞迴式計算出第n項費式數列值。

7-4 上機程式測驗

1. 請設計一C++程式，讓使用者輸入兩個整數來計算長方形面積，並以'*'畫出長方形圖形。

　　解答：CH07_11.cpp

2. 請設計一程式，我們將輸入兩筆成績，並透過函數中的計算，傳回兩筆成績的總和。

　　解答：CH07_12.cpp

3. 請設計一程式，計算所輸入兩數x、y的xy值函數Pow()，並將函數定義放在main()函數之前。

　　解答：CH07_13.cpp

4. 請設計一程式，使用參數傳址方式來設計函數Int_swap()，再把傳入的兩個整數值進行交換。

　　解答：CH07_14.cpp

5. 請設計一C++程式，其中包含一函數，可要求您輸入兩個數值，並利用輾轉相除法計算最大公因數。

　　解答：CH07_15.cpp

6. 請設計一程式，試寫一個函數來計算1加到輸入值的總和。

　　解答：CH07_16.cpp

本章課後評量

1. 何謂全域變數與區域變數？試簡述之。

2. 以下程式是遞迴程式的應用，請問輸出結果為何？

```
int main()
{
    dif1(21);
    cout<<endl;

    return 0;
}
void dif1(int y)
{
    if(y>0) dif2(y-3);
    cout<<y;
}
void dif2(int x)
{
    if(x) dif1(x);
}
```

3. 為何在主程式呼叫函數之前，必須先宣告函數原型？

4. 有個學生練習函數呼叫，下面這個程式將傳回兩數相加結果，但是結果並不正確，請問哪邊發生錯誤？

```
01 #include <iostream>
02 using namespace std;
03 int main()
04 {
05          cout<<"函數呼叫："<< add() ;
```

```
06          return 0;
07 }
08
09 add()
10 {
11     float a = 1.2, b = 2.4;
12     return (a + b);
13 }
```

5. 若不進行函數原型宣告，我們可以將副函數撰寫於主函數之前，但下面這個程式仍然傳回不正確的結果，請問哪邊出了問題？

```
01 #include <iostream>
02 using namespace std;
03 add()
04 {
05      int a = 1, b = 2;
06      return (a + b);
07 }
08
09 int main()
10 {
11      cout<<"函數呼叫 : "<< add<<endl;
12      return 0;
13 }
```

6. 何謂C++的傳參考呼叫方式？

7. 試問下列程式碼中，第一次與第二次所印出的結果為何？並說明其原因。

```
void act(int ti = 10)
{
```

```
    printf("%d",ti);
}
void main()
{
    act();        act(100);
}
```

C++ 的常用函數庫

　　程式設計者除了可以依照個人需求自行設計所需的函數外，其實在 ANSI C++的標準函數庫中已經提供許多設計好的常用函數，各位只要將此函數宣告的標頭檔含括（#include）進來，即可方便地使用這些函數。

　　雖然本書前面內容已討論過部分函數的使用，為了方便讀者於閱讀本書時查詢之用，在本附錄中仍然會加以列出。

A-1 字元處理函數

　　在C++的標頭檔<cctype.h>中，提供了許多針對字元處理的函數。下表是字元處理函數的相關說明：

函數原型	說明
int isalpha(int c)	如果c是一個英文字母字元則傳回1（True），否則傳回0（False）
int isdigit(int c)	如果c是一個數字字元則傳回1（True），否則傳回0（False）
int isspace(int c)	如果c是空白字元則傳回1（True），否則傳回0（False）
int isalnum(int c)	如果c是英文字母或數字字元則傳回1（True），否則傳回0（False）

APPENDIX

A

函數原型	說明
int iscntrl(int c)	如果c是控制字元則傳回1（True），否則傳回0（False）
int isprint(int c)	如果c是一個可以列印的字元則傳回1（True），否則傳回0（False）
int isgraph(int c)	如果c不是空白的可列印字元則傳回1（True），否則傳回0（False）
int ispunct(int c)	如果c是空白、英文或數字字元以外的可列印字元則傳回1（True），否則傳回0（False）
int islower(int c)	如果c是一個小寫的英文字母則傳回1（True），否則傳回0（False）
int isupper(int c)	如果c是一個大寫的英文字母則傳回1（True），否則傳回0（False）
int isxdigit(int c)	如果c是一個十六進位數字則傳回1（True），否則傳回0（False）
Int toascii(int c)	將c轉為有效的ASCII字元
int tolower(int c)	如果c是一個大寫的英文字母則傳回小寫字母，否則直接傳回c
int toupper(int c)	如果c是一個小寫的英文字母則傳回大寫字母，否則直接傳回c

以下程式範例是利用標頭檔<cctype>中的字元處理函數來判斷所輸入的字元是英文字母、數字或其它符號。

【隨堂範例】：字元處理函數的說明與應用：A_1.cpp

```
01 #include<iostream>
02 #include<cctype>//引用字元處理函數表頭檔
03
04 using namespace std;
```

```
05
06 int main()
07 {
08      char ch1;
09
10      cout<<"請輸入任一字元";
11      cout<<"(輸入空白鍵為結束):";
12      //讀取字元
13      cin.get(ch1);
14      cout<<endl;
15      //字母部分
16      if(isalpha(ch1))
17      {
18          cout<<ch1<<"字元為字母"<<endl;
19          if(islower(ch1))
20              cout<<"將字母轉成大寫:"<<(char)toupper(ch1)<<endl;
21          else
22              cout<<"將字母轉成小寫:"<<(char)tolower(ch1)<<endl;
23      }
24      //數字部分
25      else if(isdigit(ch1))
26      {
27          cout<<ch1<<"字元為數字"<<endl;
28      }
29      //其它符號部分
30      else if(ispunct(ch1))
31          cout<<ch1<<"字元為符號"<<endl;
32
33      return 0;
34 }
```

【執行結果】

```
請輸入任一字元〈輸入空白鍵為結束〉:j

j字元為字母
將字母轉成大寫:J

_____
Process exited after 3.855 seconds with return value 0
請按任意鍵繼續 . . .
```

【程式解析】

> 第16～23行：判斷輸入的字元是否為字母，如果是小寫字母則轉換為
> 　　　　　　 大寫字母，大寫字母則轉為小寫字母。
>
> 第25行：判斷輸入的字元是否為數字。
>
> 第30行：判斷輸入的字元是否為符號部分，不過ispunct()函數中的符號
> 　　　　 不包括空白。

A-2 字串處理函數

在C++中也提供了相當多的字串處理函數，只要含括<cstring.h>標頭檔，就可以輕易使用這些方便的函數。下表為各位整理出常用的字串函數：

函數原型	說明
size_t strlen(const char *str)	傳回字串 str 的長度

函數原型	說明
char *strcpy(char *str1, char *str2)	將str2 字串複製到 str1字串，並傳回 str1 位址
char *strncpy(char *d, char *s, int n)	複製 str2 字串的前 n 個字元到 str1字串，並傳回 str1位址
char *strcat(char *str1, char *str2)	將 str2 字串連結到字串 str1，並傳回 str1位址
char *strncat(char *str1, char *str2,int n)	連結 str2 字串的前 n 個字元到 str1字串，並傳回 str1位址
int strcmp(char *str1, char *str2)	比較 str1 字串與 str2 字串 如果str1 > str2，傳回正值 　　str1 == str2，傳回0 　　str1 < str2，傳回負值
int strncmp(char *str1, char *str2, int n)	比較 str1 字串與 str2 字串的前 n 個字元 如果str1 > str2，傳回正值 　　str1 == str2，傳回0 　　str1 < str2，傳回負值
char *strchr(char *str, char c)	搜尋字元 c 在 str 字串中第一次出現的位置，如果有找到則傳回該位置的位址，沒有找到則傳回 NULL
char *strrchr(char *str, char c)	搜尋字元 c 在 str 字串中最後一次出現的位置，如果有找到則傳回該位置的位址，沒有找到則傳回 NULL
char *strstr(const char *str1,const char *str2)	搜尋str2 字串在 str1 字串中第一次出現的位置，如果有找到則傳回該位置的位址，沒有找到則傳回 NULL
char *strcspn(const char *str1, const char *str2)	除了空白字元外，搜尋str2 字串在 str1 字串中第一次出現的位置，如果有找到則傳回該位置的位址
char *strpbrk(const char *str1, const char *str2)	搜尋str2 字串中的非空白字元在 str1 字串中第一次出現的位置

函數原型	說明
char *strlwr(char *str)	將字串中的大寫字元全部轉換成小寫
char *strupr(char *str)	將字串中的小寫字元全部轉換成大寫
char *strrev(char *str)	將字串中的字元前後順序顛倒
Char *strset(char *string,int c)	將字串中的每個字元都設值爲所指定的字元

以下程式範例是利用標頭檔<cstring>中的各種字串處理函數來判斷所輸入字串大小，並列印比較結果。

【隨堂範例】：字串處理函數的實作與應用：A_2.cpp

```
01 #include <iostream>
02 #include <cstring>
03
04 using namespace std;
05
06 int main()
07 {
08      char Work_Str[80]; //定義字元陣列 Work_Str[80]
09      char Str_1[40];    //定義字元陣列 Str_1[40]
10      char Str_2[40];    //定義字元陣列 Str_2[40]
11
12      cout<<"比較下列2個字串:"<<endl;
13      cout<<"請輸入第一個字串:"<<endl;
14      cin>>Str_1;
15      cout<<"Str_1="<<Str_1<<endl;
16      cout<<"請輸入第二個字串:"<<endl;
17      cin>>Str_2;
18      cout<<"Str_2="<<Str_2<<endl;
```

```
19      cout<<endl;    //換行
20
21      //比較字串的大小
22      if ( strcmp(Str_1, Str_2) )   //使用 strcmp() 函式比較字串
23          if ( strcmp(Str_1, Str_2) > 0 ) //Str_1 字串 > Str_2 字串
24          {
25              strcpy(Work_Str, Str_1);
26              strcat(Work_Str, " > ");   //連結 ">" 符號
27              strcat(Work_Str, Str_2);
28          }
29          else                     //Str_1 字串 < Str_2 字串
30          {
31              strcpy(Work_Str, Str_1);
32              strcat(Work_Str, " < ");   //連結 "<" 符號
33              strcat(Work_Str, Str_2);
34          }
35      else                             //Str_1 字串 = Str_2 字串
36          {
37              strcpy(Work_Str, Str_1);
38              strcat(Work_Str, " = ");   //連結 "=" 符號
39              strcat(Work_Str, Str_2);
40          }
41
42      cout<<"比較的結果:"<<Work_Str;
43                                         //顯示結果
44
45      cout<<endl;        // 換行
46
47
48      return 0;
49 }
```

【執行結果】

```
比較下列2個字串:
請輸入第一個字串:
happy
Str_1=happy
請輸入第二個字串:
Happy
Str_2=Happy

比較的結果:happy > Happy

---------------------------------
Process exited after 18.92 seconds with return value 0
請按任意鍵繼續 . . .
```

【程式解析】

第22行：使用 strcmp() 函數比較字串。

第42行：將字串列印出來。

A-3 型態轉換函數

在<cstdlib>標頭檔中，也提供了各種數字相關資料型態的函數。不過使用這些函數的條件，必須是由數字字元所組成的字串，如果輸入字串不是由數字字元組成，則輸出結果將會是數字型態的0。底下表格列出標準函數庫中的字串轉換函數：

函數原型	說明
double atof(const char *str)	把字串str轉爲倍精準浮點數（double float）數值
int atoi(const char *str)	把字串str轉爲整數（int）數值
long atol(const char *str)	把字串str轉爲長整數（long int）數值
char itoa(int num,char *str,int radix)	將整數轉換爲以數字radix爲底的字串
char ltoa(int num,char *str,int radix)	將長整數轉換爲以數字radix爲底的字串

【隨堂範例】：型態轉換函數的實作與應用：A_3.cpp

```
01 #include <iostream>
02 #include<cstdlib>
03 using namespace std;
04
05 int main()
06 {
07     char Read_Str[20]; //定義字元陣列 Read_Str[20]
08     double d,cubic;
09
10     cout<<"請輸入打算轉換成實數的字串:";
11     cin>>Read_Str; //讀取字串
12     d=atof(Read_Str); //atof() 函式數輸出
13     cubic=d*d*d;
14     cout<<d<<"的立方值="<<cubic<<endl;
15
16
17     return 0;
18 }
```

【執行結果】

```
請輸入打算轉換成實數的字串:8.3
8.3的立方值=571.787

_____
Process exited after 3.807 seconds with return value 0
請按任意鍵繼續 . . .
```

【程式解析】

第7行：定義字元陣列 Read_Str[20]。

第12行：atof() 函數數轉換，並輸出實數。

A-4 時間及日期函數

　　C++中也所提供了與時間日期相關的函數，定義於ctime標頭檔中，包含了顯示與設定系統目前的時間、程式處理時間函數、計算時間差等等。下表為各位於程式設計時，較常會使用到的時間及日期函數說明：

函數原型	說明
time_t time(time_t *sys-time)；	傳回系統目前的時間，而time_t為time.h中所定義的時間資料型態，是以長整數型態表示。time()會回應從1970年1月1日 00:00:00 到目前時間所經過的秒數。如果沒有指定 time_t型態，就使用NULL，表示傳回系統時間。不過如果想這個長整數轉換為時間格式，必須利用其它的轉換函數

函數原型	說明
char *ctime(const time_t *systime)；	將t_time長整數轉換為字串，以我們可了解的時間型式表現
struct tm *localtime(const time_t *timer);	取得當地時間，並傳回tm結構，而tm為time.h中所定義的結構型態，包含年、月、日等資訊
char* asctime(const struct tm *tblock);	傳入tm結構指標，將結構成員以我們可了解的時間型式呈現
struct tm *gmtime(const time_t *timer);	取得格林威治時間，並傳回tm結構
clock_t clock(void)；	取得程式從開始執行到此函數，所經過的時脈數。clock_t型態定義於time.h中，為一長整數，另外也定義了CLK_TCK來表示每秒的滴答數，所以經過秒數必須將clock()函數值/CLK_TCK
double difftime(time_t t2,time_t t1)	傳回t2與t1的時間差距，單位為秒

以下這個程式範例將分別利用time()函數、localtime()函數來取得目前系統時間，並透過ctime()與asctime()函數轉換為日常通用的時間格式。

【隨堂範例】：time()函數、localtime()函數的說明與應用：A_4.cpp

```
01  #include <iostream>
02  #include <cstdlib>
03  #include <ctime>
04  using namespace std;
05
06  int main()
07  {
```

```
08      time_t now;
09      struct tm *local,*gmt;//宣告local結構變數
10      now = time(NULL);//取得系統目前時間
11
12      cout<<now<<"秒"<<endl;
13      cout<<"現在時間:ctime():"<<ctime(&now)<<endl;//轉為一般時間格式
14      local = localtime(&now);
15      cout<<"本地時間:asctime():"<<asctime(local)<<endl;//轉為一般時間格式
16      gmt = gmtime(&now);//取得格林威治時間
17      cout<<"格林威治時間："<<asctime(gmt)<<endl;
18
19
20      return 0;
21  }
```

【執行結果】

```
1528700592秒
現在時間:ctime():Mon Jun 11 15:03:12 2018

本地時間:asctime():Mon Jun 11 15:03:12 2018

格林威治時間：Mon Jun 11 07:03:12 2018


------------------------------------
Process exited after 0.09966 seconds with return value 0
請按任意鍵繼續 . . .
```

【程式解析】

> 第9行：宣告local結構變數。
> 第10行：取得系統目前時間。
> 第13、15行：轉為一般時間格式。
> 第16行：取得格林威治時間。

A-5 數學函數

數學函數定義在<cmath>表頭檔裡，包括有三角函數、雙曲線函數、指數與對數函數和一些數學計算上的基本函數。各位可以利用這些函數作為基礎，組合出各種複雜的數學公式。下表為各位介紹於程式設計時，較常會使用到相關函數說明：

函數原型	說明
double sin(double 弧度)；	弧度（radian）=角度*π/180，而回傳值則為正弦值
double cos(double 弧度)；	傳遞的參數為弧度，而回傳值則為餘弦值
double tan(double 弧度)；	傳遞的參數為弧度，而回傳值則為正切值
double asin(double 正弦值)；	傳遞的參數為必須介於-1～1，而回傳值則為反正弦值
double acos(double 餘弦值)；	傳遞的參數為必須介於-1～1，而回傳值則為反餘弦值
double atan(double 正切值)	回傳值為反正切值
double sinh(double 弧度)；	弧度（radian）=角度*π/180，而回傳值則為雙曲線的正弦值

函數原型	說明
double cosh(double 弳度)；	傳遞的參數為弳度，而回傳值則為雙曲線的餘弦值
double tanh(double 弳度)；	傳遞的參數為弳度，而回傳值則為雙曲線的正切值
double exp(double x)；	傳遞一個實數為參數，計算後傳回e的次方值
double log(double x)；	傳遞正數（大於零）為參數，計算後傳回該數的自然對數
double log10(double x)；	傳遞正數為參數，計算後傳回該數以10為底的自然對數
int abs(int n);	求取整數的絕對值
int labs(int n);	求取長整數的絕對值
double pow(double x,double y)；	傳回底數x的y次方，其中當x<0且y不是整數，或x為0且y<=0時，會發生錯誤
double sqrt(double x)；	傳回x的平方根，x不可小於0
double fmod(double x,double y);	計算x/y的餘數，其中x,y皆為double型態
double fabs(double number)；	傳回number數值的絕對值
double ceil(double number)；	傳回不小於number數值的最小整數，相當於無條件進入法
double floor(double number)；	傳回不大於number數值的最大整數，相當於無條件捨去法

【隨堂範例】：三角函數與雙曲線函數的輸出說明與應用：A_5.cpp

```
01 #include <iostream>
02 #include <cstdlib>
03 #include <cmath>//引用cmath頭檔
04 using namespace std;
```

```
05
06 int main()
07 {
08      double rad;
09      double deg;
10      double pi=3.14159;
11      cout<<"請輸入角度:";
12      cin>>deg;
13      rad=deg*pi/180;//將角度轉換成弳度
14      //輸出結果
15      cout<<"sin("<<deg<<"度)="<<sin(rad)<<endl;
16      cout<<"cos("<<deg<<"度)="<<cos(rad)<<endl;
17      cout<<"tan("<<deg<<"度)="<<tan(rad)<<endl;
18       //雙曲線部分
19      cout<<"雙曲線的sin("<<deg<<"度)="<<sinh(rad)<<endl;
20      cout<<"雙曲線的cos("<<deg<<"度)="<<cosh(rad)<<endl;
21      cout<<"雙曲線的tan("<<deg<<"度)="<<tanh(rad)<<endl;
22
23
24      return 0;
25 }
```

【執行結果】

```
請輸入角度:45
sin(45度)=0.707106
cos(45度)=0.707107
tan(45度)=0.999999
雙曲線的sin(45度)=0.86867
雙曲線的cos(45度)=1.32461
雙曲線的tan(45度)=0.655794

--------------------------------
Process exited after 5.334 seconds with return value 0
請按任意鍵繼續 . . .
```

【程式解析】

第13行：將輸入的角度轉換為弳度，因為所要應用的三角函數和雙曲
　　　　線函數的參數是以弳度來傳遞。
第15～17行：三角函數的輸出。
第19～21行：雙曲線函數的輸出。

A-6 亂數函數

　　亂數函數定義於<cstdlib>的表頭檔中，其功能是能隨機產生數字提供
程式做應用，像是猜數字遊戲、猜拳遊戲或是其它與機率相關的遊戲程式
需要使用到亂數函數。亂數函數的應用相當廣泛，下表為各位於程式設計
時，較常會使用到的亂數函數說明：

函數原型	說明
int rand(void)；	產生的亂數基本上是介於0～RAND_MAX 之間的整數
void srand(unsigned seed)；	設定亂數種子來初始化rand()的起始點產 生亂數的函數，範圍一樣介於0～RAND_ MAX之間的整數
#define random(num) (rand() % (num))	為一巨集展開，可以產生0～num之間的亂 數

　　請注意喔！以上rand()函數又稱為「假隨機亂數」，因為它是根據固
定的亂數公式產生亂數，當重複執行一個程式時，它的起始點都相同，所
以產生的亂數都相同，也就是程式執行一次或一百次都只有一組的亂數
碼。因為rand()函數所產生的亂數，是介於0～RAND_MAX之間的整數，

其中的RAND_MAX也是定義於<stdlib.h>表頭檔中，最大值在標準ANSI C中為32767。請各位試著執行以下程式範例的輸出結果兩次，會發現兩次rand()函數所產生的亂數都相同。

【隨堂範例】：rand()函數的使用說明與應用：A_6.cpp

```cpp
01 #include<iostream>
02 #include<cstdlib> //引入亂數函數的標頭檔
03 using namespace std;
04
05 int main()
06 {
07      int i;
08      cout<<"===rand()亂數函數==="<<endl;
09      cout<<"產生的亂數:"<<endl;
10      for(i=0; i<5; i++)
11      {
12          cout<<rand()<<"  ";
13      }
14      cout<<endl;
15
16      return 0;
17 }
```

【執行結果】

```
===rand()亂數函數===
產生的亂數：
41   18467   6334   26500   19169

--------------------------------
Process exited after 0.07752 seconds with return value 0
請按任意鍵繼續 . . .
```

【程式解析】

第2行：引入亂數函數的標頭檔。

第12行：產生亂數。

由於rand()函數的傳回值是藉由亂數公式所產生，因此每次重新產生亂數的起點都相同，如果可以隨機設定亂數的起點，每次所得到的亂數順序就不會相同，這個起點我們稱為「亂數種子」。

至於srand()函數則可以使用亂數種子（seed）當作起始點，只要改變亂數種子，每次執行程式的亂數都會不同。通常亂數種子可以藉由時間函數取得系統時間來設定，因為時間是隨時在變動，所以利用時間當作亂數種子，可以讓亂數的分布十分均勻。現在也請各位試著執行以下程式範例的輸出結果兩次，會發現兩次srand()函數所產生的亂數都不會相同。

【隨堂範例】：srand()函數的使用說明與應用：A_7.cpp

```
01 #include<iostream>
02 #include<cstdlib>//引入亂數函式的表頭檔
03 #include<ctime>//引入時間函式的表頭檔
```

APPENDIX

A

```
04  using namespace std;
05
06  int main()
07  {
08      int i;
09      long int seed;
10      cout<<"===srand()亂數函數==="<<endl;
11      cout<<"產生的亂數:"<<endl;
12
13      seed=time(NULL);//以系統時間當作亂數種子
14      srand(seed);
15
16      for(i=0; i<5; i++)
17      {
18          cout<<rand()<<" ";
19      }
20      cout<<endl;
21
22
23      return 0;
24  }
```

【執行結果】

```
===srand()亂數函數===
產生的亂數:
19496 13994 21998 21686 6101

--------------------------------
Process exited after 0.06912 seconds with return value 0
請按任意鍵繼續 . . .
```

【程式解析】

第2行：引入亂數函數的標頭檔。

第13行：以系統時間當作亂數種子。

第14行：產生亂數。

課後評量解答

第一章【本章課後評量】

1. main()是一個相當特殊的函數，代表著任何C++程式的進入點，也是唯一且必須使用main作為函數名稱。也就是說，當程式開始執行時，一定會先執行main()函數，而不管它在程式中的任何位置，編譯器都會找到它開始編譯程式內容，因此main()又稱為「主函數」。

2. 一段好的程式碼必須具備可讀性（Readable），而適時使用「註解」就是提高程式可讀性的一個主要方法。註解不僅可以幫助其它的程式設計師了解程式內容，日後進行程式維護時，詳盡的註解也能夠省下不少維護時間與成本。

3. C++語言主要具有以下的幾個特性：

   (1) 程式簡潔、執行效能佳。

   (2) 支援物件導向程式設計方式。

   (3) 擁有標準的開發程式庫。

   (4) 語言結構較過去的C語言嚴謹且安全。

   (5) 程式應用層面範圍廣泛。

4. cout是代表由終端機輸出資料的物件，是藉由「<<」運算子的使用便可以指定cout物件的內容，於終端機上輸出資料，不是「>>」。

5. 整合開發環境（IDE，Integrated Development Environment），就是把有關程式的編輯（Edit）、編譯（Compile）、執行（Execute）與除錯（Debug）等功能於同一操作環境下，讓使用者只需透過此單一整合的環境，即可輕鬆撰寫程式。

6. 編譯（Compile）使用編譯器（Compiler）來將程式碼翻譯為目的程式

（object code），編譯必須原始程式碼完全正確，編譯的動作才會成功。直譯（Interpret）是使用直譯器（Interpreter）來對原始程式碼做逐行解釋的方法，每解釋完一行程式碼後，才會再解釋下一行。若解釋的過程中發生錯誤，則直譯的動作會停止。

7. 第一代語言 —— 機器語言、第二代語言 —— 組合語言、第三代語言 —— 高階語言、第四代語言 —— 非程序性語言、第五代語言 —— 自然語言（Natural Language）。

8. C++的程式註解是用來對原始程式碼做說明，當C++編譯器進行程式編譯時，遇到註解符號時將會忽略其所標記的內容而不加以編譯。C++中有兩種標記註解方式，一種是適用於單行的註解符號「//」，另一種則是常用於標記區段註解的一對「/*」與「*/」符號。

第二章【本章課後評量】

1. 變數（variable）是代表電腦裡的一個記憶體儲存位置，它的數值可做變動，因此被稱為「變數」。而「常數」（constant）則是在宣告要使用記憶體位置的同時，就已經給予固定的資料型態和數值，在程式執行中不能再做任何變動。

2. 變數名稱必須是由「英文字母」、「數字」或者下底線「_」所組成，不過開頭字元可以是英文字母或是底線，但不可以是數字，不可使用保留字或與函數名稱相同的命名。

3.

> 1. 名稱：變數本身在程式中的名字，必須符合C++中識別字的命名規則及可讀性。
> 2. 值：程式中變數所賦予的值。
> 3. 參考位置：變數在記憶體中儲存的位置。
> 4. 屬性：變數在程式的資料型態，如所謂的整數、浮點數或字元。

4. 當使用#define來定義常數時,程式會在編譯前先呼叫巨集程式(Macro Processor),以巨集的內容來取代巨集所定義的關鍵字,然後才進行編譯的動作。

5. 如果是字元常數時,常數值必須以單引號「''」括住字元,例如:'a'、'c'。當資料型態為字串時,必須以雙引號「""」括住字串,例如:"程式設計"、"Happy Birthday"等。

6. 關鍵字為具有語法功能的保留字,任何程式設計師自行定義的識別字都不能與關鍵字相同。

第三章【本章課後評量】

1. 八進位:055,十六進位:0x2d。

2. (1) %d:是依照ASCII碼代號的數值輸出入。

   (2) %c:是依照字元的形式輸出入。

3. 在C++中浮點數預設的資料型態為double,因此在指定浮點常數值時,可以在數值後方加上「f」或「F」,將數值轉換成float型態。

4.

跳脫字元	說明
\t	水平跳格字元(horizontal Tab)
\n	換行字元(new line)
\"	顯示雙引號(double quote)
\'	顯示單引號(single quote)
\\	顯示反斜線(backslash)

5. 假若您在資料型態前加上unsigned修飾詞,那麼該變數只能儲存正整數的資料。由於無號整數不區分正負值,那麼資料長度就可以省下一個位元來表示數值的正/負值情形,因此在它的數值範圍中能夠表示更

多的正數。

6. 這時自動型態轉換會將i/j的結果（整數值33），轉換成float型態，再指定給Result變數（得到33.000000），小數點的部分將完全捨棄，因此無法得到更精確的數值。這時如果要取得小數部分的精確數值，可修正如下：

```
Result=(float) i / j;
```

7. 由於字元'A'的ASCII碼爲65，因此上面的運算結果爲165。

第四章【本章課後評量】

1. 在C++中的等號關係是"=="運算子，至於"="則是指定運算子，這種差距很容易造成程式碼撰寫時的疏忽，請多加留意。

2. 10

3.

運算子	說明
+=	加法混合指定
-=	減法混合指定
%=	餘數法混合指定

4.

```
b=b%4
b=b+b;
a=a+b;
a=a+a;
```

5. 由三元運算子所組成的運算式。由於此類型的運算子僅有「?:」（條件）運算子，因此三元運算式又稱爲「條件運算式」。例如，a>b?'Y':'N'。

6. 1

7. -102、101、101

8. a+=10

9. 1、0、0

10. (a)4、3　(b)6、3

11. -250、175

12. 200、-60、-3

第五章【本章課後評量】

1. 在定義for迴圈括號（）中i=2後方的「；」，必須改為「，」。

2. 無窮迴圈就是在迴圈執行時，找不到可以離開迴圈的缺口。如：

```
i=-1;
while (i<0)
printf("%d\n",i--);
```

3. 當break指令在巢狀迴圈中的內層迴圈，一旦執行break指令時，break就會立刻跳出最近的一層迴圈區塊，並將控制權交給區塊外的下一行程式。continue指令的功能是強迫for、while、do-while等迴圈指令，結束正在迴圈本體區塊內進行的程序，而將控制權轉移到迴圈開始處。也就是跳過該迴圈剩下的指令，重新執行下一次的迴圈。continue與break指令的最大差別在於continue只是忽略之後未執行的指令，但並未跳離迴圈。

4. 當迴圈結束count的值為5。

5. 輸出012345、輸出012346789。

6. (a) 是合法的，因為在宣告變數時給予起始值，而省略起始值運算式，雖然省略了起始值的運算式，但是分號絕對不可省略。

(b) 是合法的，因為for迴圈的敘述可以簡化為單行，例如上述範例中的迴圈敘述可以移到控制變數增減值的運算式裡。式中sum+=i++相當於i++與sum+=i兩個敘述的合併。

(c) 是合法的，因為for運算式中可以放入多個運算子句，之間必須以逗號（，）作為區隔。

7. 這個程式片段基本上有兩個錯誤，第1行的ch必須使用()括起來，而每一個case陳述區塊要使用break來離開switch區塊，以避免程式繼續往下一個case執行程式。

第六章【本章課後評量】

1. (1) 宣告陣列時即給予初始值。

> 陣列名稱[陣列大小]={初始值1,初始值2,…}；

(2) 利用索引值，設定個別的陣列元素數值。

> 陣列名稱[陣列索引值] = 指定數值;

2. 第3行改為

> 03　　char str[]={'J','o','h','n','\0'};

3. A3的宣告不合法，因為C++對於多維陣列註標的設定，只允許第一維可以省略不用定義，其它維數的註標都必須清楚定義長度。

4. 由於字串不是C++語言的基本資料型態，因此不能以上述的指定形式複製字串，所以要複製字串，必須從字元陣列中一個一個取出元素的內容做指定。通常的做法可利用strcpy()函數來複製，如下所示：

> strcpy(Str2,Str1);

5. str1字串有19位元組。

str2字串有21位元組。

6. 不正確，因為C++對於多維陣列註標的設定，只允許第一維可以省略不用定義，其它維數的註標都必須清楚定義長度。

7. 第1行與第5行出錯，因為二維陣列的宣告與指定是a[][]型式，而不是a[,]，請修改為如下：

```
01 int a[2][3] = {{1, 2, 3},{4, 5, 6}};
   05 cout<< a[i][ j];
```

8. 第3行不需使用&運算子，因為str名稱本身就表示記憶體位址。

9. 如果整數的長度為四個位元組，則a[10]表示從a的位置移動10*4個位元組位置，結果是240ffb8，同理可推a[15]的記憶體位置應為240fff4。

10.

```
1   char kk[10];
2   strcpy(kk,"C++");
```

第七章【本章課後評量】

1. 全域變數是宣告在程式區塊與函數之外，且在宣告指令以下的所有函數及程式區塊都可以使用到該變數。宣告在主函數或副函數中的變數稱之為「區域變數」（local variable），區域變數只限於函數之中存取，離開該函數之後就失去作用。

2. 3 6 9 12 15 18 21

3. C++的程式流程是由上而下的結構設計，而編譯器在主程式的部分並不認識函數，這時候就必須在程式尚未呼叫函數時，先宣告函數的原型，告訴編譯器有此函數的存在。

4. 由於沒有宣告函數原型與傳回值型態，所以編譯器預設函數將傳回整數值，但add()函數傳回了浮點數，型態不符而無法顯示正確的結果。

5. 函式名稱本身表示函式在記憶體中位置，第11行在呼叫add()函式時沒有加上()，該行變成表示以整數顯示add函式的記憶體位址，請將第11行更改如下：

```
cout<<"函式呼叫："<< add()<<endl;
```

6. 傳參考方式也是類似於傳址呼叫的一種，但是在傳參考方式函數中，形式參數並不會另外再配置記憶體存放實際參數傳入的位址，而是直接把形式參數作為實際參數的一個別名（alias）。簡單地說，傳參考呼叫可以做到傳址呼叫的功能，卻有傳值呼叫的簡便。在使用傳參考呼叫時，只需要在函數原型和定義函數所要傳遞的參數前加上&運算子即可

7. 第一次不傳入任何值，所以傳回值則為預設值10，第二次有傳入100的值，所以函數傳回則是100。

國家圖書館出版品預行編目資料

零基礎C++程式設計入門／數位新知作. ――
初版.――臺北市：五南圖書出版股份有限
公司, 2023.08
面； 公分
ISBN 978-626-366-172-1（平裝）

1.CST: C++（電腦程式語言）

312.32C   112008653

5R47

零基礎C++程式設計入門

作　　者 ― 數位新知（526）

發 行 人 ― 楊榮川

總 經 理 ― 楊士清

總 編 輯 ― 楊秀麗

副總編輯 ― 王正華

責任編輯 ― 張維文

封面設計 ― 姚孝慈

出 版 者 ― 五南圖書出版股份有限公司

地　　址：106台北市大安區和平東路二段339號4樓

電　　話：(02)2705-5066　　傳　　真：(02)2706-6100

網　　址：https://www.wunan.com.tw

電子郵件：wunan@wunan.com.tw

劃撥帳號：01068953

戶　　名：五南圖書出版股份有限公司

法律顧問　林勝安律師

出版日期　2023年8月初版一刷

定　　價　新臺幣320元

經典永恆・名著常在

五十週年的獻禮——經典名著文庫

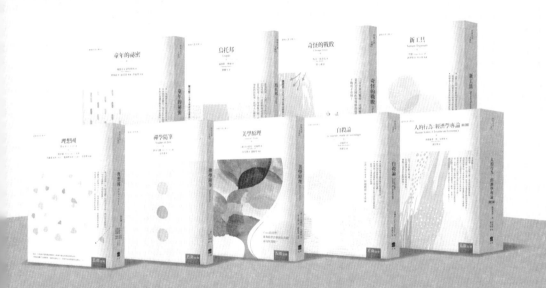

五南，五十年了，半個世紀，人生旅程的一大半，走過來了。

思索著，邁向百年的未來歷程，能為知識界、文化學術界作些什麼？

在速食文化的生態下，有什麼值得讓人雋永品味的？

歷代經典・當今名著，經過時間的洗禮，千錘百鍊，流傳至今，光芒耀人；

不僅使我們能領悟前人的智慧，同時也增深加廣我們思考的深度與視野。

我們決心投入巨資，有計畫的系統梳選，成立「經典名著文庫」，

希望收入古今中外思想性的、充滿睿智與獨見的經典、名著。

這是一項理想性的、永續性的巨大出版工程。

不在意讀者的眾寡，只考慮它的學術價值，力求完整展現先哲思想的軌跡；

為知識界開啟一片智慧之窗，營造一座百花綻放的世界文明公園，

任君遨遊、取菁吸蜜、嘉惠學子！